居民住宅二次供水培训教材

上海市供水管理处
上海城投水务(集团)供水分公司　组织编写
上海水务进修学校
　　　　殷荣强　主编

中国建筑工业出版社

图书在版编目（CIP）数据

居民住宅二次供水培训教材 / 殷荣强主编；上海市
供水管理处，上海城投水务（集团）供水分公司，上海水
务进修学校组织编写. —北京：中国建筑工业出版社，
2020.11
ISBN 978-7-112-25812-3

Ⅰ. ①居… Ⅱ. ①殷… ②上… ③上… ④上… Ⅲ.
①住宅－生活供水－技术培训－教材 Ⅳ. ①TU991

中国版本图书馆 CIP 数据核字（2021）第 000199 号

本书内容涉及二次供水基础知识、相关政策法规及技术标准、设施运行和维护、水质
检测、信息化管理、职业道德与对外服务等方面，分析了二次供水常见问题，介绍了供水
企业职责、物业职责、行业监管和社会监督等情况，列举了二次供水改造、管养、维修和
信访典型案例。可作为供水行业、供水企业管理人员、二次供水维保业务人员的培训教
材，也可供相关院校师生、设计单位技术人员、物业企业管理人员参考。

责任编辑：张　磊
文字编辑：高　悦
责任校对：姜小莲

居民住宅二次供水培训教材
上海市供水管理处
上海城投水务(集团)供水分公司　组织编写
上海水务进修学校
殷荣强　主编

*

中国建筑工业出版社出版、发行（北京海淀三里河路 9 号）
各地新华书店、建筑书店经销
北京红光制版公司制版
北京建筑工业印刷厂印刷

*

开本：787 毫米×1092 毫米　1/16　印张：12¼　字数：212 千字
2021 年 1 月第一版　2021 年 1 月第一次印刷
定价：**68.00** 元
ISBN 978-7-112-25812-3
（36648）

本书编写委员会

主编单位： 上海市供水管理处

上海城投水务（集团）供水分公司

上海水务进修学校

参编单位： 上海宇联给水工程有限公司

主　　编： 殷荣强

副 主 编： 姚黎光　黄明军　蒋宝发　宋修强　顾赵福

编写人员： 王静雅　乔　庆　李　云　朱文佳　尧桂龙

陈爱青　杜长江　季　伟　范　擎　项　炯

俞　磊　胡　震　赵乾庆　徐齐江　袁　庆

袁茂旺　倪澜绮　章　旻　盛宝珠

审　　稿： 吴今明

审　　定： 陈远鸣

前　言

　　城市是人类活动的重要区域，城市建设和发展关乎人民群众的生活质量，城市供水设施的建设对经济和社会发展的作用日益凸显。上海地处中国东部、长江入海口，东濒东海，南临杭州湾，北依长江口，西接江苏、浙江两省，全市 16 个区，总面积 6833km²，常住人口 2500 万，自来水服务人口 3000 万。上海因河而兴，通江贯海，两条母亲河——苏州河自西而来，黄浦江穿城而过。自 1883 年杨树浦水厂建成通水，上海供水已经走过了 130 多年的历程。目前已建成四大原水系统，共有自来水厂 37 座，供水能力 1250 万 m³/d，供水管网总长度近 4 万 km，累计完成二次供水设施改造面积 2.2 亿 m²，并全部完成供水企业接管。

　　当前，上海正在按照全面建成"五个中心"和具有世界影响力的社会主义现代化国际大都市的发展定位和城市精细化管理的总体要求，贯彻"人民城市人民建，人民城市为人民"的重要理念，把更好满足人民群众对美好生活的向往放在了突出位置，聚焦群众最期盼、最迫切的"老、小、旧、远"等问题，加大攻坚力度，全力保障民生。上海供水行业按照 2019～2035 年的规划目标，将建成"节水优先、安全优质、智慧低碳、服务高效"的城市供水系统，供水水质对标世界发达国家同期水平，供水企业将实施从源头到龙头的全过程管理，满足广大人民群众对放心优质、健康卫生的饮用水需求，全面提升供水安全。

　　为了普及二次供水知识和基本情况，上海市供水管理处、上海城投水务（集团）供水分公司和上海水务进修学校在总结上海近 20 年二次供水工作经验体会的基础上，联合编著了本教材。教材内容涉及二次供水基础知识、相关政策法规及技术标准、设施运行和维护、水质检测、信息化管理、职业道德与对外服务等方面，分析了二次供水常见问题，介绍供水企业职责、物业职责、行业监管和社会监督等情况，列举了二次供水改造、管养、维修和信访典型案例。

　　本书依据充分，逻辑清晰，条理分明，知识深度达到职业技能等级 4 级（中级）的要求，可作为供水行业、供水企业管理人员、二次供水维保业务人员的培训教材，也可供相关院校师生、设计单位技术人员、物业企业管理人员参考。由于时间紧迫，不足之处在所难免，欢迎专业人士、授课教师及学员对本教材提出宝贵意见和建议。

　　　　　　　　上海市水务局副局长、一级巡视员

　　　　　　　　　　　　　　　　　　2020 年 9 月

目 录

第一章 二次供水基础知识

1.1 二次供水定义和主要设施

1.1.1 二次供水定义

城镇自来水供应主要由水源、水厂、管网和二次供水四大环节组成，二次供水作为供水系统的"最后一公里"，直接关系千家万户的水质安全和生活保障。我国城镇系统采用的是低压制系统，以上海为例，按照市政供水管网设计和运行要求，供水服务压力最低为 160kPa，实际平均压力为 200kPa，大致相当于 5～6 层的普通住宅高度，故多层或高层居民住宅供水一般都经过加压输送到用户家中。

为了充分理解二次供水的定义，以下分别引用国家和上海的标准解释。

定义一：当民用与工业建筑生活饮用水对水压、水量的要求超过城镇公共供水或自建设施供水管网能力时，通过储存、加压等设施经管道供给用户或自用的供水方式（《二次供水工程技术规程》CJJ 140—2010）。

定义二：由市政给水管网进入住宅小区后的供水，统称为二次供水，包括直供水及加压供水（《中国（上海）自由贸易试验区临港新片区高品质饮用水入户工程技术规程》DB31 LGXPQ/Z 001—2020）。

1.1.2 二次供水设施

二次供水设施主要包括水池（箱）、水泵、阀门、电控装置、监测设备、消毒设备、压力水容器、供水管道、计量器具等。

水池（箱）及附件主要包括进水管、出水管、溢水管、透气管、放空管、进水浮球阀、放空阀、Y 形过滤器、水箱不锈钢爬梯、水箱盖板等。

水泵机组主要包括增压水泵、电动机、进水管、进水阀、出水管、出水阀、出水压力表等。

阀门主要包括软密封闸阀（电动、手动）、铜闸阀、蝶阀、球阀、减压阀、浮球控制阀、止回阀、倒流防止器、泄压阀等。

电控装置主要包括电气控制柜、电流表、电压表等。

供水管道及附件主要包括楼宇立管、横管、减压阀、闸阀、管配件、接头、过滤器、球阀等。

计量器具主要包括水表及格林（螺母）、阀门及表箱。

1.2 二次供水改造和管理

1.2.1 二次供水的发展历程

随着社会经济的快速发展，人们对生活饮用水的品质需求日益增长，饮用水卫生安全受到了社会的广泛关注。市政供水压力一般能够满足三层及以下居民的日常用水，三层以上的增压需求应运而生，促进了我国城镇二次供水技术的不断发展。

我国城镇二次供水加压技术的发展大致经历了以下主要阶段：高位水箱供水、水箱-工频水泵联合供水、气压供水、变频调速供水、叠压供水、全变频恒压供水等。部分技术随着发展已经逐步更新，仍有一部分在继续使用。

除了加压技术的不断发展，供水管道材质方面也随着标准的不断完善和提高而更新换代。1999 年 12 月，建设部、国家经贸委、质量技监局、建材局联合出台了《关于在住宅建设中淘汰落后产品的通知》，明确 2000 年 6 月 1 日起，室内给水管道禁止使用冷镀锌钢管，并根据当地实际情况逐步限时禁止使用热镀锌钢管，推广应用铝塑复合管，交联聚乙烯管，三型无规共聚聚丙烯管等新型塑料管材。如今，随着人们对生活饮用水品质要求的不断提高，不锈钢管材也开始逐步推广应用。

生活饮用水水质标准的提升促进二次供水产品和技术不断朝着标准化、规范化、精细化、智慧化的方向前进，以更好地适应社会对于高品质饮用水的需求，为全面提高供水水质、提升城市综合竞争力创造条件。

1.2.2 二次供水的改造意义

由于住宅小区建造年份各不相同，二次供水设施的建设标准也有所不相同；随着时间的推移、新的标准及新的产品不断推陈出新，原有老旧的标准及设施逐渐显现其不足；另外由于设施老化陈旧与管理不到位，使得自来水在输送、贮存过程中，出现了二次供水水质污染，包括了各种锈蚀的金属氧化物和有害金属离子、化学元素对水质的污染，以及青苔、红虫滋生造成的水质腐化及细菌繁殖等，这些均对供水水质造成了较大的影响，也直接影响老百姓对自来水的感官体会。

目前，国内大部分二次供水设施由物业、房管等部门负责管理，管理体制存在着两大主要问题，一是水质责任与管理者存在分离；二是用水费用与用水计量存在分离。由于二次供水在管理体制上的弊端，导致对二次供水设施缺乏专业的管理，长期得不到专业的维保，造成跑冒滴漏严重、供水服务不规范、水质污染风险高、治安隐患多等诸多问题，影响居民生活质量，有的甚至形成了安全隐患。

住房城乡建设部、国家发改委、公安部、国家卫计委《关于加强和改进城镇居民二次供水设施建设与管理确保水质安全的通知》（建城〔2015〕31号）明确，要提高城镇居民二次供水设施建设和管理水平，改善供水水质和服务质量，促进节能降耗，加强治安防范，更好地保障生活饮用水质量。要求各地全面加强和改进二次供水设施建设与管理工作，统筹安排，合理建设二次供水设施；全面排查，改造老旧二次供水设施；加强管理，保证二次供水设施工程建设质量。同时，积极鼓励供水企业逐步将设施的管理延伸至居民家庭水表，对二次供水设施实施专业运行维护，计量到户，明晰运行维护管理边界；专业运行维护，改进二次供水服务；落实责任，确保二次供水安全。

1.2.3　上海二次供水改造工作

2000年以前建造使用的老旧居民住宅，二次供水设施建设标准较低、老化陈旧和管理不到位，可能对水质造成影响。据房管部门统计，上海市2000年以前投入使用的老旧居民住宅约2.2亿 m^2，涉及全市16个区，其中，中心城区1.75亿 m^2，郊区0.45亿 m^2。

2007年上海市全面启动了中心城区老旧居民住宅二次供水设施改造，这项工作被列入了"迎世博（世界博览会，以下简称"世博"）加强市容环境建设和管理600天行动计划"，是世博主题"城市让生活更美好"的具体实践。市、区各部门，各相关单位紧紧围绕目标，开拓创新，攻坚克难，扎实工作，着力推进二次供水设施改造工程，共投入资金约 18 亿元，累计完成近 6000 万 m^2 改造任务，惠及 100 多万户居民。

市委、市政府高度重视二次供水设施改造工作，2014 年 3 月，由时任副市长牵头召开了全市推进会，以市与区签订任务书的形式，进一步明确新一轮改造目标，继续推进二次供水设施改造工作。市政府办公厅下发了《关于成立上海市二次供水设施改造和理顺管理体制推进工作联席会议的通知》（沪府办〔2014〕48 号）、《关于继续推进本市中心城区居民住宅二次供水设施改造和理顺管理体制工作实施意见的通知》（沪府办〔2014〕53 号）和《关于推进本市郊区居民住宅二次供水设施改造和理顺管理体制工作实施意见的通知》（沪府办〔2017〕30 号）等文件，成立上海市二次供水设施改造和理顺管理体制推进工作联席会议，联席会议下设办公室（设在市水务局）；按照"政府主导，市、区联手，居民自愿"的基本原则，通过二次供水设施改造，逐步实现供水企业管水到表。通过改造和加强管理，使居民住宅水质与出厂水质基本保持同一水平。

改造资金按照"市级补贴，居民补充，区级补足"的原则筹措，其中，市级财政对杨浦、普陀、虹口、静安、奉贤、金山和崇明区的非商品房，按照 14.1 元/m^2 补贴，对其他区的非商品房，按照 7.6 元/m^2 补贴。供水企业承担水表改造中表具、表箱的材料费用，其余经费由房屋专项维修资金及区财政解决；商品房改造费用列入房屋专项维修资金支出，不足部分由区财政落实解决。

2016 年起，二次供水设施改造工作连续三年被列入市政府实事项目。2016 年和 2017 年实事任务均为 2000 万 m^2，全市提前并超额完成目标；2018 年实事任务为 2500 万 m^2。2017 年年底，全市中心城区改造任务基本完成，累计完成 1.75 亿 m^2；郊区 2017 年全面启动二次供水设施改造，2018 年年底累计完成 4500 万 m^2，完成本市二次供水设施改造任务。

1.2.4　上海二次供水管理体制

依据 1977 年 10 月上海市公用事业管理局和上海市房地产管理局《有关工房给水业务分工的规定协议书》，水务部门的管理范围是从水源、取水、制水、输配水到街坊管道，而从街坊小区内泵房及墙外一米或进水阀门到室内管网止即用水管理则由房管部门管理。城市供水分割成供水和用水两部分的管理体制，造成二次供水工作多头管理，职责不清的状况，不利于实现高效管理和达到以人为本、方便居民的目的，已不能适应当前社会经济形势发展的需要。

二次供水设施移交接管工作是理顺二次供水设施管理体制的重要环节，根据《关于进一步完善本市居民住宅二次供水设施管养机制的实施意见》的通知（沪建管联〔2015〕81 号）的文件要求，改造完成后，供水企业按照"改造一批、验收一批、接管一批"的要求，采取业委会、物业和供水企业签订三方协议的合同委托模式，逐步接管二次供水设施。2019 年年底已全部完成 2000 年以前老旧居民住宅二次供水设施的移交接管工作，累计接管面积达 2.2 亿 m²，实现供水企业管水到表。

为进一步理顺居民住宅二次供水设施管理体制，加强日常监督管理，确保设施运行平稳，提升服务水平，市二次供水联席办下发了《关于加强本市居民住宅二次供水设施运行维护监督管理工作的通知》等文件，对供水企业职责、物业职责、行业监管和社会监督等四个方面做了明确规定，供水企业负责二次供水设施的运行和维护，保证二次供水设施的正常运行和供水安全；物业企业负责二次供水设施周边环境的日常巡查、相关设施的日常操作和突发事件的前期应急处置；市供水处或区供水行政主管部门应当加强对供水企业的监督检查，建立、健全二次供水水质、水压的随机抽检与定期考核制度，并会同相关部门将二次供水水质、水压监测信息和考核情况向社会公布。水箱（池）清洗消毒时，供水企业应接受居委会、业委会或者业主现场监督，对清洗、消毒过程进行监督，并做好记录，经现场监督人员签字确认后存档备查。居委会、业委会或者业主代表未能按时到场的，供水企业自行做好记录。

1.2.5　国内二次供水管理体制

根据《物权法》及其他相关规定，过去国内多数供水企业与物业管理企业划分界限主要以二次供水用户前的总水表为界。为提高供水水质，各地结合自身特点，摸索出适应本地区特色的二次供水管理模式。目前，国内主要有统一运营、管养分离、双轨制和市场化四种管理模式。

统一运营：新建或已二次改造后的供水设施，在验收合格后由政府指定的管理单位（供水企业等）统一实施接管。此模式能有效提高二次供水设施质量，统一管养标准，明晰管理责任，有效地保证了供水水质。

管养分离：供水企业对二次供水设（备）施运营维护实施全面管理；二

次供水设（备）施运营维护的具体实施，由供水企业委托的业务外包单位承担。此模式的优点在于能充分发挥供水企业对二次供水设（备）施管理和作业两方面的优势，既使供水企业专注于管理，又能通过市场化良性竞争机制，择优降本选择外包单位。

双轨制：物业管理公司与供水企业同时运营维护各自的二次供水设（备）施，此管理模式为计划加市场模式的有机结合，供水企业解决落后区域供水问题，物业服务企业发挥市场化优势。

市场化：供水企业仅负责市政管网的运行维护，二次供水环节自成一体，由业主委托专业单位进行运营和维护，业主支付服务费用。

香港水务监督维修保养的是供水至用户楼宇或地段界线的食水分配系统喉管。私人屋内的街道、公用地方的水管及其他关联的供水设施都是由管理处或注册代理人负责维修保养的。楼宇内，每个单位的用户必须负责维修保养供水到他的单位的供水喉管。楼宇内供水系统的公用部分，包括水泵、水箱、公用喉管及其他关联的公用供水设施，都是楼宇管理处或注册代理人负责维修保养的。

广州市自建供水设施、用户共用用水设施可以交由供水企业进行维护。自建供水设施、用户共用用水设施已交由供水企业进行维护的，供水企业应当确保设施正常运行，用户应当予以配合。自建供水设施、用户共用用水设施未交由供水企业进行维护的，除二次供水设施的清洗、消毒外，由用户负责设施维护，确保设施正常运行。用户户内用水设施由用户负责维护。供水企业应当负责用户共用的二次供水设施的清洗、消毒，确保二次供水的水质。二次供水设施的清洗、消毒等作业应当符合相关保洁规范的要求。供水企业应当建立相关的档案，记录作业人员、日期、水样送检等情况，并定期向城市供水行政主管部门备案。

哈尔滨对用水不能间断或者需要二次加压的，由房屋产权所有者自行设置储水、加压设施。禁止在城市供水管道上直接装泵抽水。储水设施的设置和卫生标准，按照《哈尔滨市生活饮用水卫生管理办法》的规定执行。储水设施的清洗消毒和水质化验每半年进行一次，市直管房产储水设施的清洗消毒和水质化验由市房产管理部门负责，其他房产储水设施的清洗消毒和水质化验由城市供水企业负责，其费用由房屋产权所有者承担。卫生管理部门对水质卫生标准进行监督管理。

合肥住宅工程建设单位应当按照规定，将符合条件的二次供水设施交由供水企业统一管理维护，具体的移交和管理办法由市人民政府另行制定。

乌鲁木齐城市公共供水设施由城市公共供水设施运营单位负责养护维修。城市公共供水设施以外的供水设施由产权所有者负责养护维修。产权不明或者难以确定责任主体的供水设施，由市水务行政主管部门确定的养护单位负责养护维修。

1.3　二次供水常用方式介绍

1.3.1　直供水

直供水是当市政供水管网压力满足用户的用水需求时，由市政供水管网直接向用户供水的系统。按照市政供水管网末梢压力不低于 140kPa 的要求，一般适用于 3 层及以下用户，当市政供水管网的水压、水量不足时，应设置贮水调节和加压装置。

1.3.2　水箱供水

水箱供水方式设有管道系统和屋顶水箱（亦称高位水箱），室内给水系统与室外给水管网直接相连。平时贮存一定的用水量，当用水高峰时，室外管网压力不足，则由水箱向室内系统补充供水。为了防止水箱中的水回流到室外管网，在引入管上要设置止回阀。适用于室外管网水压周期性不足及室内用水要求水压稳定，并且允许设置水箱的建筑物。

1.3.3　水箱-水泵联合供水

设水池、水泵和水箱的给水方式适用于室外给水管网水压经常不足，而且不允许水泵直接从室外管网吸水和室内用水不均匀的情形。在高位水箱上采用水位继电器控制水泵启动，易于实现管理自动化。

设水池、水泵和水箱的给水方式在开始工作时，先由水泵从水池吸水并向建筑内部给水管道系统供水，如果供水量大于用水量，则水箱贮水，当水箱水面达到最高水位时，由水位开关控制水泵停止运行，此时由水箱向建筑内部给水管道系统供水，随着供水时间的延长，当水箱水面降至最低水位时，由水位控制开关启动水泵运行。

对于某些无法或者不允许在其屋面设置水箱的多层或高层建筑，可采用气压给水方式。气压给水方式在给水系统中设置气压给水设备，利用气压气罐内气体的可压缩性升压供水，该给水方式用设在地面上的气压罐替代水箱。

1.3.4 其他供水方式

传统的供水方式离不开水池，蓄水池中的水一般由自来水管供给。叠压供水是指利用城镇供水管网压力直接增压或变频增压的供水方式，通过智能控制技术与稳压补偿技术保证向用户管网不间断供水。设计安装叠压供水设备时应综合考虑周边区域供水条件，并经供水企业论证许可后方可实施。

设备采用的流量控制器在维持最低服务压力的基础上能够自动调节市政管网向设备的输入水量，确保市政管网不产生负压，用水高峰期时能量储存器释放预充的一定压力的氮气，保证稳压补偿罐高压腔的水带有一定压力补偿到恒压腔中，在一定时间内可补充市政管网自来水量的不足，通过双向补偿器，在用水低谷期时对稳压补偿罐进行蓄能，对用户管道起稳压补偿作用，夜间及小流量供水时可通过小型膨胀罐供水，防止水泵频繁启动。叠压供水充分利用了市政管网的压力，节能效果显著。水泵如果直接连接在市政管网上，不需要建造蓄水池，直接与市政管网连接，但我国城市供水条例规定，为了防止对周围居民用水产生影响，不许将生活、生产水泵直接安装在市政管网上。为了解决供水设备既可串接在市政供水管网上又不产生负压，更不影响其他用户的用水，需要在水泵进口与市政管网之间增设无负压流量控制器、分腔式稳压补偿罐、双向补偿器等，无负压流量控制器时刻监视市政管网压力，在保证市政管网不产生负压的同时还可充分利用市政管网原有压力。

第二章 二次供水相关政策法规及技术标准

2.1 政 策 法 规

2.1.1 国家政策文件

住房城乡建设部、国家发展改革委、公安部、国家卫生计生委四部委《关于加强和改进城镇居民二次供水设施建设与管理确保水质安全的通知》（建城〔2015〕31号）。

为贯彻落实《国务院关于加强城市基础设施建设的意见》（国发〔2013〕36号），提高城镇居民二次供水设施建设和管理水平，改善供水水质和服务质量，促进节能降耗，加强治安防范，更好地保障生活饮用水质量，现就加强和改进城镇居民二次供水设施建设与管理有关工作通知如下：

一、充分认识加强和改进二次供水设施建设与管理的重要性和紧迫性

城镇居民二次供水设施是将集中式供水的管道水通过另行加压、储存，再送至居民家庭的供水设施，是保障城镇居民用水需求的重要基础设施。由于目前二次供水设施建设和管理多元化，监管职责不明晰，运行维护责任不到位，造成一些设施跑冒滴漏严重、供水服务不规范、水质污染风险高、治安隐患多等诸多问题，群众反映强烈，城镇饮用水安全保障形势严峻。各地要充分认识加强和改进城镇居民二次供水设施建设与管理工作的重要性，将保障二次供水安全提升到改善民生和国家反恐战略的高度，进一步创新运营机制，多渠道解决资金来源，落实监管责任，推动形成权责明晰、管理专业、监管到位的二次供水设施建设与管理工作新格局，解决好城镇供水"最后一公里"的水质安全问题。

二、全面加强和改进二次供水设施建设与管理工作

（一）科学规划建设二次供水设施

1. 统筹安排，合理建设二次供水设施。城镇供水专项规划应统筹考虑供水管网区域集中调蓄调压设施布局，确保管网压力平稳均衡；发挥城镇供

9

水专项规划对二次供水设施建设的调控作用，合理布置二次供水设施，促进节能降耗。城镇供水管网建设或改造时，设计供水压力要满足住宅用水的合理需求，减少因管网水压过低而增建二次供水设施的数量。要对建设二次供水设施的必要性进行技术论证，在保障水质达标和供水管网运行安全的前提下，经济合理选择二次供水方式。要大力推广使用先进的安防技术，落实防范恶意破坏二次供水的技防、物防措施。

2. 全面排查，改造老旧二次供水设施。各地住房城乡建设（城市供水）、卫生计生、公安等部门要尽快对既有居民二次供水设施开展排查，制定工作计划，对不符合技术、卫生和安全防范要求的二次供水设施，要限期整改；对老旧落后的二次供水设施要制定改造计划并抓紧逐一落实技术方案，力争用 5 年时间完成改造任务。二次供水设施的改造要与抄表到户、"一户一表"改造和安全防范设施建设等统筹实施，加强物防、技防建设，推行封闭管理模式，切实提高安全供水保障能力。

3. 加强管理，保证二次供水设施工程建设质量。住房城乡建设（城市供水）、卫生计生、公安等部门要进一步加强对二次供水设施建设的监督，督促建设单位严格执行相关标准规范，落实技术、卫生和安全防范等要求，确保设施工程建设质量。强化供水企业对用水报装的管理，健全供水企业对二次供水设施建设的技术审验制度，在工程设计、竣工验收等环节进行技术把关。

（二）推进二次供水设施运行维护专业化

1. 计量到户，明晰运行维护管理边界。推行居民供用水合同制度，实现供水企业抄表到户、计量到户、服务到户。居民家庭水表至用户水龙头之间管道、设备等，由用户自行维护管理；居民家庭水表（含）至市政供水设施之间的管道、水池、设备等由业主委托或当地人民政府指定的单位负责运行维护。

2. 专业运行维护，改进二次供水服务。积极鼓励供水企业逐步将设施的管理延伸至居民家庭水表，对二次供水设施实施专业运行维护。对新建的居民二次供水设施，鼓励供水企业实施统建统管；对改造合格的二次供水设施，鼓励供水企业负责运行维护；对既有的居民二次供水设施，鼓励业主自行决定将设施管理委托给供水企业。物业服务企业可将物业管理区域内的二次供水设施运行维护业务委托给供水企业。将二次供水设施委托给供水企业运行维护的，业主或原管理单位应将竣工总平面图、结构设备竣工图、地下管网工程竣工图、设备的安装使用及维护保养等设施档案及图文资料一并移交。

供水企业承接二次供水运行维护业务时，应对二次供水设施、设备进行查验。受委托承担二次供水运行维护的供水企业应与委托方签订二次供水服务合同，合同内容应当包括：二次供水服务具体事项、服务质量、治安防范措施、服务费用、双方的权利义务、二次供水管理用房、合同期限、违约责任等。

3. 落实责任，确保二次供水安全。承担二次供水运行维护的单位要严格按照安全运行、卫生管理、治安保卫等有关法规和标准规范，建立健全设施维护、清洗消毒、水质检测、持证上岗、档案管理、应急和治安防范等制度。配备专职或兼职安全生产、卫生管理、治安保卫人员，强化日常管理，提供优质服务。要充分利用物联网技术，建立二次供水远程管理控制网络，提高管理效率和服务水平。要制定或完善应急处置预案并组织演练，严格落实人防技防物防措施。

三、充分发挥政府在二次供水设施建设与管理中的主导作用

（一）完善政策，落实二次供水运行维护和设施改造费用

由各地价格主管部门会同住房城乡建设（城市供水）主管部门研究制定二次供水设施运行维护收费办法。按照弥补二次供水设施正常运行、水质安全保障及设施折旧、大修维修等费用支出的原则确定收费标准。根据二次供水不同运营主体，确定二次供水运行维护费征收方式。由供水企业负责运行管理的，二次供水设施运行维护费用开支原则上应计入供水企业运营成本，通过城市供水价格统一弥补。按照《关于调整销售电价分类结构有关问题的通知》（发改价格〔2013〕973号）的要求，二次供水设施运行电价执行居民用电价格。

各地要因地制宜研究建立以政府、供水企业投入为主，居民合理分担，多渠道筹集资金的二次供水设施改造费用筹集机制。对于"无物业、无业主委员会、无管理单位"的老旧居民小区，地方政府要加大投入力度。对于国有企业办社会提供供水服务的职工家属区，二次供水设施的改造要根据国家有关剥离国有企业办社会职能的要求落实改造费用。需要使用小区住宅专项维修资金等业主共有资金或通过其他方式由居民负担的，应当向业主、居民公开二次供水设施改造项目实施计划等信息，并经业主、居民依法表决同意。

（二）加强部门协调，落实二次供水安全保障责任

住房城乡建设（城市供水）、卫生计生、公安、价格等部门要加强协调，按照职责分工做好二次供水设施建设和管理的指导监督工作，切实保障公共利益不受损害。住房城乡建设（城市供水）部门要加强二次供水的日常监管，严把质量关，监督落实二次供水设施设计、建设和运行维护相关制度；卫生计生部门要强化居民二次供水设施的卫生监督，规范二次供水单位卫生管理，依法查处违法行为；价格部门负责建立健全二次供水设施运行维护收费制度，加强收费监管；公安部门要会同住房城乡建设（城市供水）部门指导监督二次供水运行维护单位严格执行治安保卫有关法律法规和标准规范，落实治安防范主体责任。

各地可根据本通知精神，结合本地实际制定或完善当地城镇居民二次供水管理具体办法，确保城镇居民饮用水水质安全。

2.1.2　上海地方政策文件

上海市人民政府于 2007 年批转了市水务局等六部门《关于本市中心城区居民住宅二次供水设施改造和理顺相关管理体制实施意见的通知》（沪府〔2007〕69 号），充分认识二次供水设施改造和理顺管理体制的重要意义，明确指导思想、基本原则和总体目标，正式启动二次供水设施改造工作。

2014 年，上海市人民政府办公厅正式出台了《关于成立上海市二次供水设施改造和理顺管理体制推进工作联席会议的通知》（沪府办〔2014〕48 号），转发市水务局等六部门《关于继续推进本市中心城区居民住宅二次供水设施改造和理顺管理体制工作实施意见的通知》（沪府办〔2014〕53 号），在上一轮改造工作的基础上，重新启动新一轮改造工作，进一步明确了各相关单位和部门的职责。

2017 年，上海市人民政府办公厅转发市水务局等五部门《关于推进本市郊区居民住宅二次供水设施改造和理顺管理体制工作实施意见的通知》（沪府办〔2017〕30 号），进一步促进城乡统筹平衡，巩固供水集约化成果，启动郊区二次供水设施改造工作。

市水务、建设、发改、财政、房管、卫生等相关部门依据国家、行业标准和上海市有关文件精神分别或联合制定了相应管理办法和细则，内容包括工程建设管理、设施改造标准、卫生制度等。主要相关文件有：

（1）上海市水务局、上海市住房保障和房屋管理局关于印发《上海市居民住宅二次供水设施改造工程技术标准（修订）》的通知（沪水务〔2014〕973 号）。

（2）上海市水务局、上海市住房和城乡建设管理委员会关于印发《上海市居民住宅二次供水设施改造工程技术标准防冻保温细则》的通知（沪水务〔2016〕687号）。

（3）上海市水务局、上海市城乡建设和管理委员会、上海市住房保障和房屋管理局关于印发《上海市居民住宅二次供水设施改造工程管理办法（试行）》的通知（沪水务〔2014〕974号）。

（4）上海市城乡建设和管理委员会、上海市水务局、上海市二次供水设施改造和理顺管理体制联席会议办公室关于印发《上海市居民住宅二次供水设施改造项目建设管理办法》的通知（沪建建管联〔2016〕249号）。

（5）上海市城乡建设和管理委员会、上海市水务局、上海市住房保障和房屋管理局关于印发《关于进一步完善本市居民住宅二次供水设施管养机制的实施意见》的通知（沪建管联〔2015〕81号）。

（6）上海市财政局关于印发《居民住宅二次供水设施改造市级补贴资金管理办法》的通知（沪财农〔2017〕68号）。

（7）上海市二次供水设施改造和理顺管理体制联席会议办公室关于加强本市居民住宅二次供水设施运行维护监督管理工作的通知（沪二次供水办〔2018〕4号）。

（8）上海市二次供水设施改造和理顺管理体制联席会议办公室关于加快推进本市居民住宅二次供水设施管理移交和接管工作的通知（沪二次供水办〔2018〕5号）。

（9）上海市水务局关于印发《居民小区二次供水管理标准（试行）》的通知（沪水务〔2018〕283号）。

（10）上海市卫生健康委员会、上海市水务局、上海市房屋管理局关于印发《上海市生活饮用水"扫码知卫生"实施方案》的通知（沪卫监督〔2020〕44号）。

2.2 技术标准

2.2.1 国家标准

国家标准由国务院标准化行政主管部门编制计划，协调项目分工，组织制定（含修订），统一审批、编号、发布。法律对国家标准的制定另有规定的，依照法律的规定执行。国家标准的年限一般为 5 年修订一次。

二次供水主要相关技术现行标准目录如下：

（1）《生活饮用水卫生标准》GB 5749。

（2）《生活饮用水标准检验方法》GB/T 5750。

（3）《二次供水设施卫生规范》GB 17051。

（4）《建筑给水排水设计标准》GB 50015。

（5）《给水排水管道工程施工及验收规范》GB 50268。

（6）《建筑给水排水及采暖工程施工质量验收规范》GB 50242。

（7）《城镇给水排水技术规范》GB 50788。

（8）《生活饮用水输配水设备及防护材料的安全性评价标准》GB/T 17219。

（9）《钢塑复合管》GB/T 28897。

（10）《薄壁不锈钢管道技术规范》GB/T 29038。

2.2.2 行业标准

由我国各主管部、委（局）批准发布，在该部门范围内统一使用的标准，称为行业标准。

二次供水主要相关技术现行标准目录如下：

（1）《二次供水工程技术规程》CJJ 140。

（2）《无负压给水设备》CJ/T 265。

（3）《箱式无负压供水设备》CJ/T 302。

（4）《稳压补偿式无负压供水设备》CJ/T 303。

（5）《高位调蓄叠压供水设备》CJ/T 351。

（6）《微机控制变频调速给水设备》CJ/T 352。

（7）《埋地塑料给水管道工程技术规程》CJJ 101。

（8）《建筑给水塑料管道工程技术规程》CJJ/T 98。

（9）《建筑给水金属管道工程技术规程》CJJ/T 154。

（10）《建筑给水复合管道工程技术规程》CJJ/T 155。

（11）《薄壁不锈钢钢管》CJ/T 151。

（12）《薄壁不锈钢卡压式和沟槽式管件》CJ/T 152。

（13）《建筑给水薄壁不锈钢管管道工程技术规程》T/CECS 153。

2.2.3 上海市地方标准

上海二次供水相关技术现行标准目录如下：

（1）《生活饮用水水质标准》DB 31/T 1091。

（2）《二次供水设计、施工、验收、运行维护管理要求》DB 31/566。

（3）《生活饮用水卫生管理规范》DB 31/T 804。

（4）《住宅二次供水技术标准》DG/TJ 08—2065。

（5）《中国（上海）自由贸易试验区临港新片区高品质饮用水入户工程技术规程》DB 31 LGXPQ/Z 001。

（6）《住宅设计标准》DGJ 08。

2.2.4 企业标准

企业标准是对企业范围内需要协调、统一的技术要求，管理要求和工作要求所制定的标准。企业标准由企业制定，由企业法人代表或法人代表授权的主管领导批准、发布。企业标准的标准号一般以"Q"字母的开头。

相关技术标准名录如下：

（1）《供水水质管理实施细则》（上海城投水务（集团）有限公司）。

（2）《居民住宅二次供水设施改造工程设计导则》（上海城投水务（集团）有限公司）。

（3）WL 组合式聚乙烯水箱内容应用技术规程。

（4）WL 组合式聚乙烯水箱内胆安装。

2.3 重要文件和标准介绍

2.3.1 《关于继续推进本市中心城区居民住宅二次供水设施改造和理顺管理体制工作实施意见的通知》（沪府办〔2014〕53 号）

为继续推进本市二次供水设施改造工作，切实提高本市居民供水水质，结合党的群众路线教育实践活动的要求，现就继续推进本市中心城区居民住宅二次供水设施改造和理顺管理体制工作提出如下实施意见：

一、充分认识继续推进二次供水设施改造和理顺管理体制的重要意义

居民住宅二次供水设施是指居民住宅小区内的供水水箱、水池、管道、

阀门、水泵、计量器具及其附属设施。截至 2005 年年底，中心城区自来水市南、市北公司和浦东威立雅公司服务范围内（涉及 9 个中心城区以及浦东新区、闵行区、宝山区、嘉定区的部分地区）居民住宅建筑面积约为 2 亿平方米。其中，商品房 0.6 亿平方米，非商品房 1.4 亿平方米。这些居民住宅供水设施的建筑材质标准较低或年久老化，易造成对自来水水质的二次污染，加上部分区域供水体制分割，导致管理责任不清晰、服务不及时等现象时有发生。

自 2007 年起，本市启动了对中心城区供水企业供水服务范围内的二次供水设施改造，目前已完成改造近 6000 万平方米，取得较好实效。当前，继续开展二次供水设施改造的呼声强烈，此项工作也被列为党的群众路线教育实践活动涉及城市管理领域中的重点工作。

继续推进全市居民住宅的二次供水设施改造并理顺管理体制，是结合党的群众路线教育实践活动，解决人民群众最关心、最直接、最现实问题的有效措施，是提高供水水质，提升供水安全保障的有力手段。为此，市委、市政府要求继续大力推进二次供水设施改造，对上述区域内剩余 1.4 亿平方米建筑面积的二次供水设施进行改造。其中，杨浦、虹口、普陀、闸北区（以下简称"北四区"）合计 0.6 亿平方米；徐汇、静安、黄浦、长宁、闵行、宝山、嘉定区及浦东新区（以下简称"其他区"）合计 0.8 亿平方米。

二、明确指导思想、基本原则和总体目标

（一）指导思想

以党的十八大和十八届二中、三中全会精神为指导，以人民群众满意为宗旨，通过二次供水设施改造和理顺管理体制，全面提高供水水质，为切实改善民生、实现经济社会可持续发展提供保障。

（二）基本原则

1. 政府推动，市区联手，居民自愿。

2. 统一规划，分工负责，共同推进。

3. 管水到表，完善服务，行业监管。

4. 市级补贴，居民补充，区级补足。

（三）总体目标

从 2014 年起，每年安排 2000 万平方米左右的改造计划。到 2020 年，基本完成中心城区居民住宅二次供水设施改造任务，并逐步实现供水企业管水到表。通过改造和加强管理，使居民住宅水质与出厂水水质基本保持同一水平。

三、实施中心城区二次供水设施更新改造

（一）改造标准

按照市水务局、市住房保障房屋管理局新修订的二次供水设施改造标准等执行。

（二）资金估算和筹措

居民住宅二次供水设施改造共需资金约 42 亿元，分 7 年投入，年均约 6 亿元。其中，市级财政对"北四区"以外的非商品房，按照 7.6 元/平方米补贴，共计 3.66 亿元；对"北四区"非商品房，按照 14.1 元/平方米补贴，共计 4.06 亿元，市级补贴合计为 7.72 亿元，年均约 1.1 亿元；市城投总公司承担水表改造中表具、表箱的材料费用约 1.96 亿元。其余经费由房屋专项维修资金及区财政解决，年均 4.62 亿元。商品房改造费用列入房屋专项维修资金支出，不足部分由区财政落实解决。

（三）资金管理

有关区政府制定二次供水设施改造资金管理办法，并报市水务局、市财政局备案。每年 9 月底，有关区政府报送年度改造计划和资金计划，经市水务局审核后向市财政局提出资金申请，市财政局审核后，按照计划数的 70％下达市级补贴资金指标到各区财政，并纳入当年市与区县专项转移支付的范围。项目完工清算后，下达剩余市级补贴资金。

四、理顺二次供水设施管理体制

（一）开展二次供水设施接管工作

今年年内全面开展已完成二次供水设施改造的居民住宅小区的接管工作，实现管水到表。对于新一轮实施二次供水设施改造的居民住宅小区，竣工验收合格后，由供水企业同步实施接管工作。对改造范围外的住宅小区，采取分类分批接管的方式，根据管养经费落实情况，按照"先新建住宅小区，后已建成住宅小区"的顺序，逐步开展接管工作。到 2020 年，全面实现本市住宅小区二次供水设施由供水企业管水到表。

（二）关于管养经费

管养费用由市建设管理委会同市发展改革委、市财政局、市住房保障房屋管理局、市水务局等部门另行研究明确。

（三）强化监督管理，提升服务水平

市水务局负责城市供水水质的监督管理，通过建立和完善二次供水水质监管体系，加强水质监测；市卫生计生委负责组织对二次供水设施管理单位的卫生监督检查，定期对二次供水水质状况进行抽检，确保居民用水安全。

供水企业管水到表后，要合理设置服务站点。各服务站点要与各供水企业服务中心联网，形成覆盖中心城区的二次供水设施管理服务网络，24小时全天候受理供水用水问题。在小区街坊管、水箱和水池增设水质检测点，定期公布水质情况，实施专业化管理，不断提升服务水平。

五、加强组织领导

（一）建立推进平台

成立上海市二次供水设施改造和理顺管理体制推进工作联席会议，由市政府分管副秘书长担任召集人，市建设管理委、市发展改革委、市水务局、市住房保障房屋管理局、市财政局、市卫生计生委、市城投总公司及相关区政府为成员单位。联席会议主要负责二次供水设施改造和理顺管理体制的统一领导、综合协调、全面推进与监督检查。联席会议办公室设在市水务局。各相关区建立相应的推进机制。

（二）明确职责分工

市建设管理委负责总体政策研究、综合协调推进。

市水务局负责二次供水设施改造和接管工作的组织推进。组织编制改造工作的年度计划，并协调推进落实；制定二次供水改造的有关技术标准和规范，会同相关部门修订居民住宅二次供水设施管理移交办法和二次供水设施运行维护管理暂行规定。

市卫生计生委负责组织实施涉及居民住宅二次供水设施的建设项目预防性卫生审核。

市住房保障房屋管理局负责配合推进二次供水设施改造和移交接管工作。提供需改造的住宅小区清单，对实施旧住房综合改造的小区优先安排二次供水设施改造计划，做好具体协调推进工作。同时，指导相关区做好居民意见征询、设施移交等工作，督促物业服务企业做好移交前的二次供水设施的运行维护。

市城投总公司负责做好委托项目的具体实施和全面统一接管养护等工作。参与年度改造计划的编制、二次供水设施改造方案的审定、施工监管、工程验收和二次供水设施改造时水表工程的实施。

有关区政府是二次供水设施改造和管理工作的责任主体，负责落实除市级补贴与供水企业自筹外的改造资金。区政府有关部门负责具体推进二次供水设施改造和移交接管工作，并做好居民意见征询工作。各区县二次供水设施改造主管部门（单位）负责编制改造年度计划，并按照有关要求，具体组织项目实施和配合设施管养移交工作。

各相关街道办事处（镇政府）负责做好具体协调配合工作。

六、郊区（县）二次供水设施改造工作

各郊区（县）按照实际情况，参照中心城区二次供水设施改造方案，自行制定改造方案和年度计划，配套落实改造资金，明确责任管理部门，积极推进二次供水设施改造工作。

2.3.2 《上海市居民住宅二次供水设施改造工程技术标准（修订）》（沪水务〔2014〕973号）

1 总则

1.0.1 为提高居民住宅二次供水设施的改造水平，确保供水安全，保障供水水质，根据《生活饮用水卫生标准》GB 5749和《上海市政府办公厅转发市水务局等六部门关于继续推进本市中心城区居民住宅二次供水设施改造和理顺管理体制工作实施意见的通知》（沪府办〔2014〕53号）等规定，制定本标准。

1.0.2 本标准适用于沪府办〔2014〕53号文规定的居民住宅二次供水设施改造工程的设计、施工、验收与监督管理。

1.0.3 二次供水设施改造工程除执行本标准外，尚应符合国家、行业、地方现行标准的规定。

2 术语

2.0.1 本标准的术语可参照上海市工程建设规范《住宅二次供水设计规程》DG/TJ 08－2065—2009。

3 基本要求

3.0.1 二次供水设施改造应遵循安全、卫生、节能、环保的原则，必须与地区规划相结合、与提高供水水质相结合、与节能减排相结合、与降低供水管网漏损相结合、与信息化管理相结合。

3.0.2 二次供水设施改造宜因地制宜、适度提高、保证质量、有序进行。

3.0.3 二次供水设施改造所用的材料、成品、设备必须符合食品级要求，必须具备省级以上的涉水产品卫生许可批件和质量监督部门出具的产品检验报告。

3.0.4 二次供水设施改造工程的设计，应有设计图、设计说明和主要设备材料清单等。

3.0.5 二次供水设施改造工程所用的材料、成品、设备应有产品合格证书，标明生产单位、生产日期、出厂编号、技术参数等主要内容。

4 水量、水质和水压

4.0.1 二次供水设施改造设计中，其水量包括居民生活用水量、居住小区公共建筑用水量，应符合《建筑给水排水设计规范》GB 50015 的规定。

4.0.2 二次供水设施改造的水质应符合《生活饮用水卫生标准》GB 5749 的规定，通过二次供水设施的水质检测项目最高允许增加值应符合《二次供水设施卫生规范》GB 17051 的规定。

4.0.3 二次供水设施工程改造后的入户水表前最低静水压，应大于或等于改造前的入户水表前最低静水压。

5 贮水池和水箱

5.0.1 新增拼装式成品贮水池、屋顶水箱应采用保温措施。

5.0.2 宜将现有的敞开式地下贮水池或半地下贮水池改造成食品级 SUS304（或 444、316L）覆膜不锈钢板材装配式水池、食品级高密度聚乙烯（HDPE）或钢板装配式水池。装配式水池容积大于 25m³ 时，应设置 24～48小时强制自动循环供水装置。

5.0.3 现有钢筋混凝土水池、屋顶水箱，如无法改建为装配式水箱，应采用食品级瓷砖、涂料或高密度聚乙烯（HDPE）板材进行内衬。

5.0.4 钢筋混凝土贮水池、屋顶水箱在做内衬前，应修复破损、裂缝等，并进行迎水面底板处理。

5.0.5 采用不锈钢板材装配或高密度聚乙烯（HDPE）板材内衬贮水池、屋顶水箱时，焊接材料应与母材同质，并进行防渗漏检测。

5.0.6 采用食品级瓷砖内衬贮水池、屋顶水箱时，应采用食品级的瓷砖、粘合剂和沟嵌缝剂。

5.0.7 采用食品级涂料内衬贮水池、屋顶水箱时，其一次性喷涂厚度应大于 1mm。

5.0.8 贮水池、屋顶水箱应改造为封闭结构，对敞开式的贮水池、屋顶水箱应使用固定式顶盖封闭并设置人孔；人孔盖的边长不得小于 600mm、直径不得小于 700mm，人孔盖应密封；人孔盖应配备误启、误入的加锁装置。

5.0.9　贮水池、屋顶水箱高度大于（等于）1.5m 时，应设置外爬梯；贮水池、屋顶水箱内爬梯可采用固定式爬梯，固定式内爬梯及池（箱）内支撑件应选用符合国家卫生标准的不锈钢或其他材料。

5.0.10　贮水池、屋顶水箱的通气管道应设置空气过滤装置；溢流管道、放空管道应设置不锈钢网罩等可靠的防止外部生物进入的装置。

5.0.11　多层建筑同幢楼宇的等高水箱间应使用出水管连通，并设置隔断阀。

5.0.12　贮水池、屋顶水箱改造时，进水管、出水管、放空管和溢流管穿越贮水池或屋顶水箱墙体的部分可采用食品级 SUS304（或 444、316L）覆膜不锈钢管。

6　管道和阀门

6.1　管道和管材

6.1.1　室内管道应按设计要求敷设，同一室号不得出现新、旧供水立管同时存在、二套管道同时供水的现象。

6.1.2　建筑物外墙距离地面 5m 以上不得铺设供水管道；距离地面 5m 及以下铺设供水管道时应采用防冻包扎措施。

6.1.3　建筑物内给水管道应选用耐腐蚀和安装、连接方便可靠的管材，可采用聚丙烯管（PPR）、钢塑复合管或不锈钢管。一般室内进、出水立管可采用衬塑钢管、增强（纤维）聚乙烯管，严禁采用镀锌钢管等国家禁止的材料。室内管道进行明敷时，不得采用透光性管材、配件。

6.1.4　各类管道应采用成品管，并符合相关质量标准；连接、安装时应采用与管道相匹配的成品管配件。

6.1.5　对钢塑复合管不得进行焊接，不得使用砂轮切割机切割；不锈钢管应采用同质焊接材料焊接，并对焊接进行酸洗、钝化等抗氧化处理；塑料管道的连接应采用热熔或电熔，禁止粘接；埋地管禁止使用卡箍式连接方式，管道外应进行防护。

6.1.6　建筑内管道敷设应布置清晰，横平竖直，管道支托应安装牢固；外露管道应有防冻包扎措施。

6.2　阀门

6.2.1　各类管道阀门应采用耐腐蚀性的材料，并符合国家有关卫生标准的要求；球墨铸铁阀门或铸钢阀门内壁必须喷涂符合国家卫生标准的涂塑。阀杆、阀芯应为不锈钢或铜质材料。

6.2.2　DN＜100mm 的阀门应采用不锈钢或铜质球阀、铸铜闸阀、软密封闸阀；300mm≥DN≥100mm 的阀门应采用弹性软密封橡胶闸阀或软密封蝶阀；安装于金属管道上的阀门其材质宜与管道材质一致。透气阀、浮球阀、止回阀、减压阀、紧急关闭阀应选用不锈钢阀、铜阀、内防腐铜杆球墨铸铁阀、内防腐不锈钢杆球墨铸铁阀等。

6.2.3　贮水池、屋顶水箱的进水管应设置自动水位控制装置，其涉水部件应采用耐腐蚀性的材料，并符合国家有关卫生标准的要求。

6.2.4　管道倒流防止器和真空破坏器的设置应符合《建筑给水排水设计规范》GB 50015 的规定，并应选用水头损失小于或等于 0.03MPa 的低阻倒流防止器。

6.2.5　减压阀的设置和安装应符合《建筑给水排水设计规范》GB 50015 的规定。

6.2.6　单个贮水池、屋顶水箱宜安装 1 组浮球阀（1 用 1 备），浮球阀的进水管标高应一致，单个浮球阀出水口断面面积应大于或等于进水口断面面积。

7　加压方式和供水系统

7.0.1　二次供水设施改造原则上不得改变原有供水方式，确需改变的必须得到供水企业的审核同意。

7.0.2　在水量、水压等条件具备的地区，可适当地采用无负压、叠压供水成套设备；亦可将无负压、叠压供水成套设备与高位水箱结合，联合供水。

7.0.3　高层住宅建筑宜采用分区并联供水或分区减压供水系统。

8　加压设备和泵房

8.0.1　水泵不得选用单级卧式泵，应选用耐腐蚀产品。水泵叶轮应采用不锈钢或铜合金，泵轴应采用不锈钢材质，壳体内壁必须有防腐蚀材料，并不易磨损和脱落；壳体内壁以及密封圈等与水接触的部件所用材料应符合《生活饮用水输配水设备及防护材料的安全性评价标准》GB/T 17219。

8.0.2　采用变频泵组时，应配备二路电源和自动化控制设备；变频泵组的多台工作泵应能自动交替，单泵运行应能自动或手动切换。

8.0.3　加压泵房改造时，应改善其周边环境，如有污水管和污染源，应采取有效的隔离措施，不得新增污水管和污染源。

8.0.4　加压泵房应有完善的排水设施。

8.0.5　泵房内应配备安装好电源插座。

9 设备控制和保护

9.1 设备控制

9.1.1 设备控制应采用就地控制和自动化控制方式，鼓励采用远程控制方式。

9.1.2 设备显示运行状态信号的要求：

1. 应显示的运行状态信号：

1）水泵运行：开、停信号、电压、电流、进、出水压力、故障报警（断电、水泵故障）；

2）贮水池状态：水位、报警（超高水位、超低水位、溢水）。

2. 宜显示的运行状态信号：

1）实时水量、累计水量；

2）浊度、余氯；

3）安防设施异常入侵、温度异常报警。

9.1.3 控制柜内应安装漏电保护开关。

9.1.4 二次供水设备宜有人机对话功能，界面应汉文化，图标明显，显示清晰，操作方便。

9.2 设备保护

9.2.1 贮水池、屋顶水箱应有安全的养护、维修通道，通道净空与净高不得小于600mm；周边存在可能影响供水安全设施的，应采取有效防护措施。

9.2.2 加压设备应有可靠的安全接地保护和水池缺水停泵保护装置，并符合相应技术标准要求。

10 计量水表

10.0.1 计量水表应水平安装；水表两端直管段长度应符合相关要求；水表安装高度应在1.4m以下。

10.0.2 水表宜采用住宅公共部位的嵌墙表、管弄井表等方式安装，水表及附属配件应有防冻包扎措施。

2.3.3 《上海市居民住宅二次供水设施改造工程技术标准防冻保温细则》（沪水务〔2016〕687号）

1. 编制目的

1.1 为进一步做好上海市居民住宅二次供水设施改造工程中防冻保温工作，结合工作实际，特编制本细则。

1.2 本细则适用于上海市居民住宅小区二次供水设施改造工程。

2. 基本规定

2.1 二次供水设施改造涉及的以下部位应有保温措施：

（1）楼道内、室外明敷的给水管道及阀门；

（2）水表及表箱；

（3）贮水池、屋顶水箱等。

2.2 保温结构应包含保温层和保护层。

3. 保温层

3.1 保温材料选用原则

（1）保温材料防火性能应选用不低于国家标准《建筑材料燃烧性能分级方法》GB 8624 中规定的 B1 级材料，其氧指数应不低于 30％，室内使用时应不低于 32％；

（2）保温材料应选用热导率小、密度低、造价低、易于施工的材料制品；

（3）保温材料应无毒、无味、不腐烂，能长期使用。

3.2 保温材料选用种类

保温材料可选用以下几种：

（1）柔性泡沫橡塑；

（2）岩棉制品；

（3）其他符合 3.1 款的材料。

3.3 保温材料厚度

保温材料厚度按《工业设备及管道绝热工程设计规范》GB 50264—2013 热平衡法计算确定，可参考表 1 选取。

3.4 保温材料性能要求

保温材料主要性能应符合表 2 的要求。

表 1　柔性泡沫橡塑保温厚度

		室外管道及阀门		楼道内管道及阀门
PPR 塑料管	管径（mm）	$De63$	—	$De25\sim De63$
	厚度（mm）	32	—	16
钢塑复合管	管径（mm）	$DN50$	$DN80\sim DN200$	$DN50\sim DN150$
	厚度（mm）	32	25	16

续表1

不锈钢管		室外管道及阀门		楼道内管道及阀门
	管径（mm）	DN50	DN80～DN200	DN20～DN150
	厚度（mm）	32	25	16

注：1. 室外包含在屋顶敷设的管道及阀门；

　　2. 如窗户为镂空形式、一层仅装设镂空防盗门等楼道内防风较差情况下，应适当加厚保温层。

表2　保温材料主要性能要求

材料名称	使用密度 kg/m³	导热系数 W/(m·K)	适用温度 ℃	吸湿率 %
柔性橡塑	40～60	≤0.036	−40～85	≤0.2
岩棉制品管壳	100～150	≤0.044	≤600	≤1

注：选用的保温材料应提供在使用密度和使用温度范围下的热导率方程式或图表。

4. 保护层

4.1　保温层外应设置保护层。

4.2　保护层选用原则

（1）严密、防水，抗大气腐蚀和光照老化。

（2）安装方便、外表整齐美观。

（3）有足够的机械强度，使用寿命长。

（4）在环境变化与振动情况下，不渗水、不开裂、不散缝、不坠落，并可根据需要涂刷防锈漆制作相应标记，用以识别设备及管道类别及流向。

（5）燃烧性能等级应与保温层的燃烧性能等级相匹配，并不得低于B1级。

（6）防护套管应选用化学稳定、无毒且耐腐蚀的材料，并不得对保温层材料产生腐蚀或溶解作用；使用年限应大于12年。

4.3　保护层材料选用种类

4.3.1　室外管道保温保护层

室外管道保温保护层可采用以下几种：

（1）0.5mm厚镀锌钢板外壳；

（2）0.5mm厚防锈铝板外壳；

（3）硬质聚氯乙烯防护套管；

（4）高分子合金材料防护套管；

（5）其他符合 4.2 款的材料。

4.3.2　楼道内管道保温保护层

楼道内管道保温保护层可采用以下几种：

（1）难燃的玻璃布；

（2）不燃性玻璃布复合铝箔；

（3）难燃性夹筋双层铝箔；

（4）铝合金薄板；

（5）其他符合 4.2 款的材料。

5. 管道及阀门保温

5.1　楼道内管道布置时宜远离北外墙、外窗。

5.2　管道、管件等平时无须操作或检修处可采用固定式保温结构；法兰、阀门等平时需要操作及检修处应采用可拆卸式的保温结构。

5.3　管道保温层应连续不断，防止管道冷桥发生。

5.4　保护层外壳的接缝必须顺坡搭接，以防雨水进入。

6. 水表及表箱保温

6.1　表箱布置

公共楼道区域内（管道井除外）的水表应设置在专用水表箱内，宜嵌墙安装；水表箱布置位置宜远离北外墙、外窗。

6.2　保温措施

水表外移后，表箱内管道、连接套件、球阀及水表均应做保温处理，保温要求同楼道内管道要求；在有条件区域逐步更换为干式水表。

表箱内宜填充保温材料。

7. 贮水池及屋顶水箱保温

7.1　室外水池、屋顶水箱进出水管道阀门、泄水阀及泄水阀前管道应做保温，要求同室外管道。

7.2　室外拼装式成品贮水池、拼装式成品屋顶水箱应做保温，保温厚度不小于 50mm，可参考标准图集《管道和设备保温、防结露及电伴热》（03S401）；

7.3　水箱进水宜采用浮筒式液位控制方式，逐步推广电磁阀、电动阀等液位自动控制方式。

8. 其他

8.1　本细则由市水务部门负责解释。

8.2　本细则自发布之日起生效。

2.3.4　《上海市居民住宅二次供水设施改造项目建设管理办法》（沪建建管联〔2016〕249号）

第一条　（目的依据）

为加快推进本市居民住宅二次供水设施改造，简化审批环节，缩短办理周期，确保管理流程规范，制定本办法。

第二条　（定义）

居民住宅二次供水设施改造是指对居民住宅小区内的供水水箱、水池、管道、阀门、水泵、计量器具及其附属设施等进行更新改造。

第三条　（适用范围）

本市居民住宅二次供水设施改造项目的建设及其监管活动适用本办法。

第四条　（职责分工）

本市居民住宅二次供水设施改造实行属地化管理原则。

居民住宅二次供水设施改造项目的计划和立项由项目所在地的区（县）二次供水设施改造和理顺管理体制推进工作联席会议办公室（以下简称"区（县）二次供水办"）或同级发改委负责。项目施工设计图纸及技术资料的审核由项目所在地的区（县）二次供水办会同相关供水企业负责。项目报建手续由项目所在地的区（县）建设管理部门或者水务管理部门负责办理。项目招标投标监管由区（县）建设管理部门负责。合同信息报送和项目开工信息登记由项目所在地的区（县）二次供水办负责监管。

项目质量安全监督由项目所在地的区（县）二次供水办会同相关供水企业、街（镇）居委会负责。项目竣工验收和竣工确认由区（县）二次供水办负责组织。

第五条　（项目管理程序）

项目建设按照项目报建、招标投标、合同信息报送、项目开工信息登记等手续办理。合同信息报送、项目开工信息登记实行网上办理。

第六条　（网上办理）

实行网上申请或者办理手续的，建设单位应登录"上海市住房和城乡建设管理委员会门户网站"＞"网上政务大厅"＞各管理环节的网上办理入口，完成网上申请或者办理。

第七条 （项目报建）

建设单位完成项目报建网上申请后，应当到项目所在地的区（县）建设管理部门或者水务管理部门指定受理点办理手续，并提供以下材料：

（一）《上海市建设工程报建表》（二次供水设施改造）（一式两份）；

（二）建设单位组织机构代码证复印件（提供原件复核）；

（三）项目立项的批准文件复印件（提供原件复核）；

（四）区（县）二次供水办盖章认可的资金证明；

（五）法定代表人授权委托书；

（六）经办人身份证复印件。

区（县）建设管理部门或者水务管理部门对上述材料复核无误的，应当当场完成项目报建手续办理。

第八条 （招标投标）

依法应当招标的居民住宅二次供水设施改造项目，应当具备以下条件方可进行招标：

（一）招标人已经依法确立；

（二）工程投资估算已经确定；

（三）有相应的资金或者资金来源已经落实；

（四）有工程需要的图纸资料。

依法应当进行招标的，招标方式可以采用现行的建设工程招标投标方式，也可以根据项目特点采用设计施工一体化招标投标方式或者批量招标投标方式。采用批量招标投标方式的，批量招标投标的范围以同一行政区域（如街镇、居委会）或同类型的小区、街坊为单位，具体招标范围由区（县）二次供水办会同相关部门确定。

第九条 （项目负责人承接项目限制）

项目经理或者总监理工程师承接项目的数量可视项目特点及规模而定，但不得同时承接 3 个以上的二次供水设施改造项目。

第十条 （合同信息报送）

建设单位直接在网上办理完成合同信息报送。依法应当招标的项目，建设单位应当在完成招标后进行合同信息报送。建设单位应当对合同信息的真实性和准确性负责。

第十一条　（开工信息登记）

建设单位具备以下开工条件后，可直接在网上完成开工信息登记：

（一）明确承接项目的设计企业、施工企业和监理企业；

（二）明确建设单位、设计企业、施工企业和监理企业的项目负责人和相关技术管理人员；

（三）项目征询通过率达到规定要求。区（县）二次供水办应当在收到开工信息登记后，会同相关供水企业、街（镇）居委会实施质量安全监督。建设单位办理开工信息登记后，方可开工。

第十二条　（竣工验收）

改造项目竣工后，承包单位应当完成验收自评并向建设单位提交竣工报告，监理单位应当完成复验评定；建设单位应当自收到施工单位竣工报告之日起 15 日内提请项目所在地的区（县）二次供水办组织设计单位、施工单位、监理单位、街（镇）居委会或者业委会、相关供水企业及物业服务企业共同完成工程竣工资料验收和现场验收。区（县）二次供水办在组织完成验收后，在管理信息平台完成竣工确认。

第十三条　（解释部门）

本办法由市建设管理部门和水务管理部门按照各自职责负责解释。

第十四条　（时效规定）

本办法自发布之日起生效，试行有效期三年。本办法生效后，上海市城乡建设和管理委员会《上海市居民住宅二次供水设施改造工程建设管理细则》（沪建管〔2015〕45 号）同时废止。

2.3.5　《居民住宅二次供水设施改造市级补贴资金管理办法》（沪财农〔2017〕68 号）

第一章　总则

第一条　为加快推进本市居民住宅二次供水设施改造工作，规范市级补贴资金管理，提高资金使用效益，根据《上海市人民政府办公厅转发市水务局等六部门关于继续推进本市中心城区居民住宅二次供水设施改造和理顺管理体制工作实施意见的通知》（沪府办〔2014〕53 号）、《上海市人民政府办公厅转发市水务局等五部门关于推进本市郊区居民住宅二次供水设施改造和理顺管理体制工作实施意见的通知》（沪府办〔2017〕30 号），结合《上海市对区专项转移支付管理办法》（沪财预〔2016〕162 号）相关规定，制定本办法。

第二条　居民住宅二次供水设施改造市级补贴资金是指市政府为推动本市居民住宅二次供水设施改造工作，按照"市级补贴，居民补充，区级补足"的资金筹措原则，由市级财政安排的专项用于各区非商品房二次供水设施改造的补贴资金。

第三条　市级补贴资金安排应遵循以下原则：公开公平；先建后补；注重绩效。

第四条　市级补贴资金为一次性补贴资金，各区财政部门要将市级补贴资金纳入预算管理，根据项目推进实际情况，统筹用于非商品房二次供水设施改造，不得闲置、截留、挤占、挪用。

第二章　部门职责

第五条　市财政局负责拟定市级补贴资金管理办法，审核年度预算，组织开展绩效评价和监督检查等工作。市水务局负责二次供水设施改造项目的总体推进和监督管理，并组织编制年度预算与工作计划。

市供水管理处负责全市二次供水设施改造项目日常监督管理。

第六条　各区政府是二次供水设施改造和管理的责任主体，负责落实除市级补贴与企业自筹外的改造资金，负责制定二次供水设施改造资金管理办法并报市财政局、市水务局备案。

各区二次供水设施改造主管部门（单位）负责具体推进、竣工验收、移交接管及编制年度改造计划和年度预算。区财政局负责市级补贴资金的使用和管理。

第七条　供水企业应对竣工验收合格的二次供水设施实施同步接管工作，以确保 2020 年供水企业管水到表的目标顺利完成。

第三章　补贴对象、范围和补贴标准

第八条　市级补贴资金补贴对象为本市非商品房二次供水设施改造工作。

市级补贴资金可以用于除表具、表箱外的材料、人工及其他二类费用。

第九条　按照《上海市人民政府办公厅转发市水务局等六部门关于继续推进本市中心城区居民住宅二次供水设施改造和理顺管理体制工作实施意见的通知》（沪府办〔2014〕53 号）、《上海市人民政府办公厅转发市水务局等五部门关于推进本市郊区居民住宅二次供水设施改造和理顺管理体制工作实施意见的通知》（沪府办〔2017〕30 号）要求，市级补贴资金补贴标准分为两类：

静安区（原闸北区域）、虹口区、杨浦区、普陀区、奉贤区、金山区、崇明区为一类补贴地区，为14.1元/平方米。

黄浦区、静安区（原静安区域）、徐汇区、长宁区、闵行区、嘉定区、宝山区、浦东新区、松江区、青浦区为二类补贴地区，为7.6元/平方米。

第四章　预算编报与资金下达使用

第十条　各区二次供水设施改造主管部门（单位）审核汇总区域内上年度已完成竣工验收和移交接管工作的二次供水设施改造设施量，并根据补贴标准扣减往年度预拨资金后编制市级补贴资金年度预算，于规定时限内报送市水务局。

第十一条　市水务局审核汇后，将全市二次供水设施改造市级补贴转移支付预算建议数于每年8月底前报送市财政局。

第十二条　市财政局审核后编制专项转移支付预算，纳入市级政府预算草案，报经市政府审定后，提交市人民代表大会审查。

第十三条　市财政局应当在市人民代表大会审查批准市级预算后60日内印发下达专项转移支付预算文件至区财政局，同时抄送市水务局。

第十四条　市级补贴资金应当按照下达预算的科目和项目执行，不得截留、挤占、挪用或擅自调整。

第五章　监督检查和绩效管理

第十五条　市财政局和市水务局应当加强对市级补贴资金使用的监督检查，建立健全监督检查和信息共享机制。

区二次供水设施改造主管部门（单位）应当依法接受审计、财政等部门的监督，对发现的问题应当及时整改。

第十六条　市级补贴资金使用中存在违法违规行为的，各级财政部门应当按照预算法和《财政违法行为处罚处分条例》等国家有关规定追究法律责任。涉嫌犯罪的，移送司法机关处理。

第十七条　加强市级补贴资金预算绩效管理，各区财政局及项目主管部门（单位）建立健全全过程预算绩效管理机制，客观公正地评价绩效目标的实现程度，提高财政资金使用效益。

第六章　附则

第十八条　本办法自颁布之日起至2020年实施。

2.3.6 《上海市居民小区二次供水管理标准（试行）》（沪府办〔2018〕283号）

第一条 为加强本市居民小区二次供水设施的维修养护和管理工作，确保居民小区供水稳定安全，制定本标准。

第二条 本标准适用于本市行政区域内居民小区二次供水设施接管后的日常养护与维修及其相关的管理活动。

第三条 本标准由下列主体按规定实施：

供水企业负责辖区内的居民小区二次供水设施的日常维修养护工作，具体包括水池（箱）、水泵、表前管道、水表、阀门等设施的日常维护。

受委托的物业服务企业负责居民住宅小区供水水泵的日常操作，保证供水正常；对居民小区二次供水设施运行情况进行日常巡视；对供水管道漏水等突发事件实施前期应急处置，并及时通知供水企业。

供水企业与物业服务企业应及时响应各类投诉，实行首问负责制，主动受理及处理客户表务问题、用水问题等各类二次供水"三来"报修及咨询。

市水务局和区供水行政主管部门（统称水行政主管部门）、市房屋管理局和区房屋管理部门（统称房屋管理部门）承担本区二次供水范围内的居民小区二次供水设施的维修养护的监督管理和考核评价。

第四条 受委托的物业服务企业必须对小区的二次供水设施运行情况及周边环境进行巡查，且每日不少于一次。发现二次供水设施问题应及时向市民服务热线（12345）或所在区域供水服务热线反映。各居民小区应公布所在区域供水服务热线。

未聘请物业服务企业的小区，居民发现二次供水设施问题后，应及时向供水企业服务热线反映。

供水企业和物业服务企业应根据各自职责在规定时限内完成处置工作。

第五条 供水企业应保持水池（箱）等储水设备周围环境清洁，水箱应当加盖加锁。物业企业应确保水池（箱）等储水设备构筑物完好，供水企业接到漏水或渗水现象问题反映后应在24小时内予以处置。若是构筑物问题，需采取工程性措施的，物业企业应负责在7日内出具方案。

第六条 供水企业应确保管道、阀门正常运行。定期检查管道，对明装管道维修养护每年不少于一次，秋、冬季应进行防冻保养；接到公共部位管道有漏水或渗水问题反映后应在 24 小时内予以处置，超过 24 小时不能恢复供水的，应当采取应急供水措施，保障居民基本生活用水；若需采取工程性措施的，供水企业应在 7 日内出具方案。

第七条　物业服务企业应确保泵房保持干燥、清洁、通风。供水企业应确保水泵机组正常运行。物业企业发现问题后应实施前期应急处置，并在 15 分钟内通知供水企业，供水企业应在 24 小时内予以处置，若需采取工程性措施的，供水企业应在 7 日内出具方案。

第八条　用户水表应首次强检、限期使用、到期更换（标称口径为 25mm 以下的水表使用期限不得超过 6 年；标称口径为 25～50mm 的水表使用期限不得超过 4 年；标称口径为 50mm 以上或常用流量 Q_3 超过 $16m^3/h$ 的水表使用期限不得超过 2 年）。

用户水表一般不少于每两个月抄表一次，一年不少于两次对水表读数进行核实。供水企业接到水表漏水等问题反映后应在 24 小时内予以处置。

第九条　供水企业应确保水池（箱）每半年不得少于一次清洗、消毒，特殊情况下适当增加清洗次数；实施水池（箱）清洗、消毒计划时，应在两天前张贴书面停水告示，告知用户；清洗消毒后应将现场检测的浑浊度、消毒剂余量两项指标的检测结果向用户公示。

第十条　供水企业应制定管辖区内的居民小区供水安全应急处置预案，并报水行政主管部门备案。保证突发事件发生时预案的实施，确保居民应急用水。

第十一条　本标准所涉及的工程性措施需动用住宅专项维修资金的，需经业主大会表决通过后实施。如遇水泵停运故障等突发事件，应按紧急维修项目使用维修资金的有关规定处理。

第十二条　本标准的依据包括《上海市供水管理条例》《上海市住宅物业管理规定》《城市供水水质管理规定》《上海市生活饮用水卫生管理办法》《上海市二次供水设计、施工、验收、运行维护管理要求》DB31/T 566 - 2011《关于进一步完善本市居民住宅二次供水设施管养机制的实施意见》（沪建管联〔2015〕81 号）等。供水企业、物业企业违反本标准的，由相关行政管理部门按照有关规定予以处理。

第十三条　本标准自 2018 年 3 月 20 日起试行。

第十四条　本标准由上海城市综合管理推进领导小组办公室、上海市水务局与上海市房屋管理局联合颁布实施，并由上海市水务局负责解释。

第三章 二次供水设施运行和维护

根据《关于进一步完善本市居民住宅二次供水设施管养机制的实施意见》的通知（沪建管联〔2015〕81号）文件要求，按照"明晰产权、理顺机制，厘清职责、协同管养，明确目标、分步推进"的基本原则，2015～2020年，新建和存量居民住宅二次供水设施产权逐步移交供水企业，供水企业和业主委托的物业服务企业协同做好管养工作，建立全覆盖的居民住宅二次供水设施管养长效机制。供水企业负责的管养工作包括水池（箱）、水泵、管道、水表、阀门等设施的日常维护与更新改造。业主委托的物业服务企业主要负责居民住宅小区供水水泵的日常操作，对二次供水设施运行情况进行日常巡视，对供水管道漏水等突发事件实施前期应急处置。

3.1 二次供水设施的日常巡视

3.1.1 水泵房

水泵房日常巡视内容主要有：

（1）泵房周围环境整洁无污染源，通道畅通，无不相关的物品堆放。

（2）泵房内通风良好，门、窗、锁完好并便于操作。

（3）泵房内墙壁及地面干净平整，墙体、墙顶无渗水痕迹。

（4）泵房内地面无渗水积水。

（5）地下及半地下泵房有排水系统并能自动将积水排出。

（6）泵房内无私接自来水龙头。

（7）泵房照明安全完好。

（8）泵房内阀门启闭标识与实际相符。

（9）水泵、接头、管道、压力表旋塞阀无渗水现象。

（10）水泵进出水阀门启闭正常无滴漏现象。

（11）水泵电控柜独立，电控柜门及元器件完好无损，铭牌、标识清晰。

（12）水泵控制柜中各电气元件及接触点有无过热、松动、受潮、发霉及受损情况。

（13）导线接头良好，绝缘无损伤，接地安全可靠。

（14）水泵运行时，机组无明显晃动和噪声，压力表和信号灯显示正常。

（15）采用时间、液位控制水泵启动应可靠、稳定。

（16）水泵缺水停泵保护功能完好。

（17）紧固地脚螺栓及各主部件螺丝。

水泵房日常巡视周期为每年四次，按照季度进行，并按要求填写检查记录，检查记录表详见附表《年泵房设备（施）日常保养检查表》。

3.1.2 水箱（池）

水箱（池）日常巡视内容主要有：

（1）水箱（池）周围及顶部不得堆放垃圾、杂物等污染物。

（2）屋顶水箱溢流管末端的排水口是否畅通，无堵塞。

（3）上屋顶人孔通道畅通，周围无乱堆杂物。

（4）巡检水箱时出入通道畅通，周围无杂物堆放。

（5）水箱间门窗、照明完好。

（6）泵房水池门窗、照明完好。

（7）检查水池、水箱箱体有无开裂、风化脱落及渗漏水现象。

（8）检查各管道接口连接牢固、整洁无渗漏。

（9）检查盖板、支撑件安装牢固，防雨水锁盖完好无锈蚀。

（10）检查进出水管做好防冻保暖措施。

（11）人孔口应平正、清洁、四周完整无开裂脱落现象。

（12）穿越箱体液位开关装置，洞口是否渗漏灌水，防虫措施是否完好。

（13）检查水箱（池）的人孔（检修孔），要求人孔盖安装牢固、密闭严实、无破损、开启灵活、锁具齐全。

（14）检查水箱（池）的放气孔（管）口、溢水管口的防虫网罩，保证防虫装置无堵塞、脱落、破损等现象。

（15）检查水箱（池）的各类阀门，保证无渗漏，污迹、锈蚀、启闭灵活。

（16）检查水箱（池）的附属管道，保证无渗漏、表面锈蚀等现象。管道支（托）架、管卡等安装牢固无松动。

（17）检查水箱（池）的外扶梯，保证其结构牢固、上下自如、表面无锈蚀。

（18）检查水箱（池）的内胆，要求无开裂、渗漏。如内贴瓷砖，则要求瓷砖无起鼓、脱落等现象。

（19）检查水箱（池）的浮球控制阀（或遥控浮球阀），保证启闭灵活、性能可靠。

（20）检查水箱（池）水箱（池）的水位控制装置，保证水位指示正确、性能良好。

（21）检查放空管是否有滴水，放空阀是否完好。

（22）检查水箱（池）的内扶梯，保证其表面无锈蚀、结构牢固、上下自如。

（23）溢流管是否有水溢出。

（24）屋面有小框架构造，框架内无积水，框架与框架间雨水排放畅通。

（25）生消合用的水箱，出水处防污隔断阀是否正常。

（26）水箱人孔在坡顶外，坡顶出入口安全防范措施是否完好。

水箱（池）日常巡视周期为每年四次，按照季度进行，并按要求填写检查记录，检查记录表详见附《水箱（池）楼宇管道定期检查明细表》。

3.1.3　楼宇管道

1. 楼内管道日常巡视内容

（1）管卡、支撑件安装是否合理和牢固，并设置在不妨碍楼内人员走动的位置。

（2）在管道穿越楼板前端设置管卡，管道洞口已封堵并已做好防渗漏措施。

（3）楼内管道设置在避免阳光照射及风口，管道远离热水器排风口。

（4）楼内管道与配件、阀门的接口无渗漏现象，阀门启闭正常。

（5）公共部位安装的管道已做好防冻、防结露措施，包扎整齐、美观、牢固。

（6）公共部位检修通道畅通，无乱堆杂物。

（7）表箱安装位置正确（700mm≤安装高度≤1400mm）、门板整洁无缺陷并标明室号。

（8）表箱内部清洁，水表三件套安装符合规范，无渗漏现象。

（9）减压阀安装与竣工图相符（几层）。

（10）减压阀、管道、管配件、阀门、Y 形过滤器、压力表、旋塞阀无渗漏现象。

（11）减压阀压力表指针显示正确，并符合设定压力；表弯无损坏压扁现象。

（12）减压阀安置点出入通道畅通，周围无乱堆杂物。

（13）用户水表前压力最大不超过 0.35MPa，高层最小不低于 0.1MPa。

（14）采用变频供水的立管顶端自动放气阀是否完好。

2. 楼外管道日常巡视内容

（1）市政供水管与二次供水设施管道有明显分界，或分界点距构筑物外墙 1m。

（2）埋地阀门的上方都堆砌有阀门井。

（3）阀门井在小区道路上的井盖采用铸铁材质；在绿化带内的采用水泥材质。

（4）阀门井位置清晰，盖板完好。

（5）阀门井堆砌整齐，井内干净无杂物。

（6）阀门材质符合改造标准，阀门启闭灵活正常。

（7）外管道管卡、支撑件安装合理和牢固。

（8）管道穿越墙体的洞口封堵完好，并已做好防雨水渗漏措施。

（9）室外管道防冻保暖装置完好。

（10）阀门井周围无堆放杂物，便于应急检修。

（11）外管道敷设，阀门、阀门井与竣工图一致。

楼宇管道日常巡视周期为每年四次，按照季度进行，并按要求填写检查记录，检查记录表详见附《水箱（池）楼宇管道定期检查明细表》。

3.2　二次供水设施的维护保养

3.2.1　水泵维护保养

水泵维护保养流程：拆泵→清洗→换盘根（填料密封）→更换易损件→加油→安装、调试→试运行。

1. 水泵运行、维护保养内容及要求

（1）进水管道必须密封，不能漏水、漏气。

（2）注意观察仪表读数，检查轴封泄漏情况，正常时机械密封泄漏3滴/min，检查电机、轴承处温度≤70℃，如发现异常情况，应及时处理。

（3）如环境温度低于0℃，应将备用泵内液体放尽，以免损坏泵体。

（4）禁止泵在汽蚀状态下长期运行。

（5）禁止泵在大流量工况运行时导致的电机超电流长期运行。

（6）定期检查泵运行中的电机电流值，尽量使泵在设计工况范围内运行。

（7）按规定运行时间对泵轴承进行加油。

（8）水泵长期运行后，由于机械磨损，使机组噪声及振动增大时，应停车检查，必要时可更换易损零件及轴承，机组大修期为一年。

（9）水泵每月轮换运行一次，每次以不少于1min为宜。

（10）电机转动是否正常。有无变形、发热等状况。轴与电机、连接部件是否有松动、锈蚀、变形。

（11）机械密封润滑液应清洁无固体颗粒，严禁机械密封在干磨情况下工作。

2. 维护保养周期

每年一次对水泵进行解体检修，确保水泵运行完好。

3. 维护保养记录

填写《水泵房设备（施）日常保养检查表》。

3.2.2 电气控制柜维护保养

电气控制柜维护保养流程：断电→清洁→紧固螺栓→接地检测→送电→测量电压→测量电流。

1. 电气控制柜运行、维护保养内容及要求

（1）控制柜有无变形、损伤、腐蚀。

（2）线路图及操作说明相关资料是否齐全。

（3）电压、电流表的指针是否在规定的范围内。

（4）开关是否有变形、损伤、标志脱落，是否处于正常状态。

（5）继电器是否脱落、松动，接点是否烧损，转换开关应处于自动状态。

（6）控制柜指示灯是否正常。各导线连接处是否松脱，外保护是否损伤。

（7）空气断路器、交流接触器的主触头压力弹簧是否过热失效；其触头接触应良好，有电弧烧伤应磨光；动、静触头应对准，三相触头应同时闭合；分、合闸动作灵活可靠，电磁铁吸合无异常、错位现象；吸合线圈的绝缘和接头有无损伤或不牢固现象；清除灭弧罩的积尘、炭质及金属细末。

（8）自动开关、磁力起动器热元件的连接处无过热，电流整定值与负荷相匹配。电流互感器铁芯无异状，线圈无损伤。

（9）校验空气断路器的分离脱扣器在线路电压为额定值 75％～105％时，应能可靠工作，当电压低于额定值的 35％时，失压脱扣器应能可靠释放。

（10）校验交流接触器的吸引线圈，在线路电压为额定值 85％～105％时，应能可靠工作，当电压低于额定值的 40％时，应能可靠释放。

（11）检查电器的辅助触头有无烧损现象，通过的负荷电流有无超过它的额定电流值。

（12）二次回路的每一支路和断路器、隔离开关操动机构的电源回路等绝缘电阻均不应小于 1MΩ，在比较潮湿的地方，可不小于 0.5MΩ。

（13）继电保护装置的检查、清扫、校验（供电局负责维护的除外）应包括：

电气设备机械部件的检查、清理及电气特性试验；

二次回路绝缘电阻测量及接线牢固性检查试验；

晶体管继电器保护装置应检测各个回路的有关参数；

保护装置的整组动作试验，判明整体动作的正确性。

（14）变频器应检查冷却风道是否畅通，风冷过滤器是否堵塞而影响冷却效果。

2. 维护保养周期

每季度 1 次对电控柜进行保养及清灰，保证电气性能良好，运作正常。

3. 维护保养记录

填写《水泵房设备（施）日常保养检查表》。

3.2.3　水箱（池）的维护保养

定期清洗水箱、水池，清洗时对水箱、水池的附属设施（人孔、浮球阀、放空管阀、溢流管网罩等）进行检查保养。

水箱（池）维护保养流程：停用→排空→清洗→附属设施检查、保养→消毒→进水→水质检测→预通水→水质检测、公告→正式通水。

1. 水箱（池）维护保养内容

（1）对壳体及内胆的开裂、渗漏及瓷砖脱落等损坏应及时修补或向管理单位报修。

（2）对人孔盖松动、密封不严、盖体损坏等故障应及时加固、密封及修复；配齐必要的锁具。

（3）对放气孔（管）口、溢水管口的防虫网罩堵塞、脱落、破损等故障应及时疏通及修复。

（4）对浮球控制阀（或遥控浮球阀）的失灵及损坏等故障应及时修理或更换。

（5）对内、外扶梯的结构松动、表面锈蚀等故障应及时修理或向管理单位报修。

维护保养周期：上述内容每半年保养一次。

（6）每年1次校验水位控制装置，保证水位指示正确、性能良好。如发现异常应及时报修。

（7）对各类长期开启或长期关闭的阀门操作一次，保证启闭灵活，并调整、更换漏水阀门填料；保证阀门表面无油污、锈蚀等。如使用电动（磁）阀门，每年应校验1次限位开关及手动与电动的连锁装置。

（8）对附属管道的渗漏、表面锈蚀等故障应及时修理；管道支（托）架、管卡等的安装应牢固无松动。

（9）半年1次对水箱（池）中Y形过滤器（或防污隔断阀）进行保养及拆洗，保证清洁、通畅、状态良好。

（10）每年1次对各类测量仪表进行检测，对检测不合格或超过使用期限的仪表进行更换。

（11）每年1次对水箱（池）的各类管道及阀门进行油漆修补，保证无锈蚀、渗漏。

（12）每年1次在冬季到来前完成各类管道及附件的防冻保温检查及养护维修工作。

2. 维护保养记录

填写《水箱（池）楼宇管道定期检查明细表》。

3.2.4　楼宇管道维护保养

维护保养流程：切换减压阀→清洗减压阀和过滤器→管道表面清洁、（油漆）→水表保养→管道包扎、防冻措施。

1. 维护保养内容

（1）对室外管道进行包扎，做好防冻保暖措施。

（2）定期清洗高层减压阀组过滤器和泵房水池进水管过滤器，清洗时对附属设施（阀门、压力表、弹性接头等）进行检查。

（3）应对各类长期开启或长期关闭的阀门操作一次，保证启闭灵活；并调整、更换漏水阀门填料；保证阀门表面无油污、锈蚀。

（4）对楼宇内对各类管道进行保养，修补渗漏、清除锈蚀、加固松动的管道支（托）架、管卡等。

（5）对高层建筑中减压阀组（一用一备）进行切换，并对减压阀前的过滤器进行检漏、拆洗。

（6）对楼宇内松动、变形、损坏的水表箱进行维修或调换，同时对运作异常的水表进行校验或调换。

2. 维护保养周期

每年1次对楼宇内各类管道及阀门进行油漆修补，保证无锈蚀、渗漏；每年1次在冬季到来前完成各类管道及附件的防冻保温检查及保养工作。

3. 维护保养记录

填写《水箱（池）、楼宇管道定期检查明细表》。

3.2.5　维护保养档案记录

1. 维护保养记录内容

（1）维修中发现的问题、修复的内容和更换的设备、零件明细表。

（2）关键部件和电气设备检验记录。

（3）维修使用的材料记录。

（4）因故未能解决的问题。

（5）有关技术参数。

2. 维护保养记录要求

（1）维护保养记录齐全，按年份排序，保存期内做到有案可查。

（2）填写维护保养记录时，要字迹工整、清晰，如有特殊情况时，需在备注栏中写明。

（3）维护保养时发现问题应及时解决，并记录在案。

3. 维护保养记录类别

（1）检查记录。

（2）日常养护记录。

（3）维修记录。

（4）水箱清洗记录。

（5）设备使用记录。

3.3 水箱（池）清洗消毒

水箱（池）清洗消毒是水箱（池）维护保养的重要内容，应定期对二次供水水箱（池）清洗消毒（每半年一次，如遇水质突发情况，可调整清洗消毒频次）。建立水箱（池）清洗消毒档案，记录所清洗消毒的水箱（池）的基本情况，包括清洗时间、地址、容积、材质、清洗单位及人员、使用的消毒剂名称及其配制方法。在水箱（池）清洗消毒后，应及时检验水质，合格后方可使用。

3.3.1 水箱（池）清洗消毒基本规定

1. 清洗消毒资格要求

清洗消毒人员应配四证一卡，即身份证、居住证、健康证、上岗证和信息卡，其中上岗证包含高空作业证、有限空间证，清洗消毒人员每年必须进行一次培训，培训内容包括二次供水基本知识、水箱构造、清洗方式、消毒步骤、操作时安全防护与注意事项等，培训合格后上岗。

2. 清洗消毒操作程序

清洗消毒流程：发放停水通知→清洗前应至现场查勘→排水→检查→清洗→消毒→注水→现场检测→预通水→第三方检验机构检测→正式通水。

3. 水质检测内容

（1）水质检测形式采用现场检测和第三方检验机构检测。

（2）现场检测包括：浑浊度、消毒剂余量 2 项水质指标。检测数按清洗数 100％实际清洗水箱（池）数量。

（3）第三方检测机构检测包括：浑浊度、消毒剂余量、色度、菌落总数、总大肠菌群、pH 值、嗅味及肉眼可见物共 8 项指标。比例按水箱（池）清洗总数的 10％检测。

（4）现场检测结果填写在《接管小区水箱（池）清洗现场检测情况汇总表》（见附表 4）内并归档，同时应在检测采样瓶上标注日期、地址及现场检测的 2 项指标。

（5）现场检测不合格必须按要求对自检不合格水箱（池）重复清洗，直至合格后通水，再由第三方检测机构检测。

（6）对第三方检测机构检测不合格的水箱必须按要求对小区同批次水箱（池）重新安排清洗消毒计划，并在一周内完成清洗消毒工作。

4. 后续工作

（1）清洗消毒完成后，各供水管理所负责在相应小区公告栏内张贴第三方检测机构检测合格的《水箱（池）消毒和水质检验报告》。

（2）水池（箱）清洗消毒现场检测合格后，管理人员应完整、规范地把《接管小区水箱（池）清洗现场检测情况汇总表》和第三方检测机构的《水箱（池）消毒和水质检验报告》整理成册存档，保存期为四年。

5. 安全管理

（1）上屋顶人口通道、上屋顶水箱属于高处作业，进水箱（池）内部属于受限空间，应注意安全、规范流程，且清洗水箱人员必须持有健康证、高空作业证和有限空间证。杜绝屋顶安全事故发生。

（2）水箱（池）清洗时应按照操作规范流程进行；选购消毒剂应并同时具备厂方和集团公司的化验合格证方可选用；清洗消毒水箱（池）至少要有 2 人一组且佩戴保险带上屋顶作业。

（3）在水箱（池）内作业时，光源需采用 36V 以下的安全电压，最好用手电筒或应急灯。

（4）潜水泵应装漏电开关，漏电开关应在使用前测试好坏，并在使用中确认开启。

（5）水箱（池）消毒人员需戴防护眼镜和口罩，如在水箱（池）内工作时感到头晕气喘，应立即离开，并到外面呼吸新鲜空气。

（6）上下水箱（池）时应抓紧扶手、踩稳扶梯，严防跌落。

（7）水箱（池）清洗完毕后，泵房水泵应先放空空气，水箱出水阀门应缓慢开启，排除管道内空气，必要时应上门询查和服务，防止水管内空气影响居民正常用水。

（8）水箱（池）清洗前后应检查浮球阀等附属设备是否损坏，管道防冻包扎是否完好，水箱（池）是否停役，贮水构筑物是否开裂漏水，水箱（池）各个面瓷砖或墙体是否有大面积脱落，水箱盖是否采用不锈钢盖板等，发现问题应及时自报并修复。

6. 消毒药品要求

（1）清洗消毒单位使用的消毒剂应当标明产品的名称、生产单位、卫生许可批号。清洗消毒单位不得现场配置清洗消毒液。

（2）由各供水管理所委托水质检测部门提供的清洗消毒液，配制方法见附录（清洗消毒液配制方法）。

7. 其他注意事项

（1）在清洗高层水箱时应对减压阀前过滤器进行清洗；在清洗水池时应对泵房内过滤器进行清洗。

（2）在小区日常养护过程中可能对养护人员构成安全隐患的各类问题，应先一步排查问题原因，及时杜绝安全隐患，进一步加强安全监管和培训。

（3）对于专业性维保工作及现场检测工作，应安排专项培训，提高工作人员业务水平，避免出现工作开展不顺利。

（4）第一次清洗水箱（池）时，应对所需清洗水箱（池）尺寸复核，同时应更换所清洗水箱（池）人口盖的挂锁。

3.3.2　高压水枪清洗消毒

1. 清洗前准备

（1）发放停水通知。

水箱（池）清洗计划提前 3d 在小区内张贴《停水通知》，并与小区物业和业主委员会做好沟通协调工作。通知内容应包括：工作内容、工作范围、停水日期、停水时间、恢复通水时间。（由清洗消毒单位通知物业后向用户公示）。

（2）放空前检查。

水箱（池）清洗放空前应进行现场查勘，若发现问题应立即协调处理。检查内容应包括：

周围有无污染物；

屋顶防水层是否完好、防冻包扎是否破损；

屋顶排水系统和地面下水道是否畅通；

外壁有无裂缝、损坏及漏水；

外扶梯结构是否牢固，上下自如。

（3）屋顶水箱（地下水池）放空。

关闭需清洗水箱（池）的进水阀；

打开其他水箱（池）连通阀，保证用户用水；

打开清洗水箱（池）排水阀或启动潜水泵排空剩水；

关闭排水阀或潜水泵。

以上操作时阀门启闭应灵活、不漏水，无油污、锈蚀；各类管路无渗漏、表面无锈蚀；放空时排水管路畅通、无阻塞。如出水口不畅，应予以清理和疏通。

（4）清洗前检查。

水箱（池）内壁：内壁是否有龟裂、损坏，是否有污水流入等异常情况；

浮球阀（遥控浮球阀）应启闭灵活、状态良好；

人孔及人孔盖应安装坚固、密闭严实、启闭灵活、锁具齐全；

放气孔、溢水管防虫网罩应装置齐全、畅通、无损坏；

管道、阀门防冻包扎应表面平整，封口严密，无起鼓、松动及开裂现象；

内扶梯应结构牢固，上下自如。

（5）清洗前维修。

上述各项内容有损坏时，需在开始清洗前进行维修或调换。保证上述各项内容安全可靠、性能良好、无损坏。

2. 操作步骤

（1）清水冲洗。

通过对讲机联络，外部作业人员启动增压泵，并通知水箱（池）内作业人员，内部作业人员打开开关后开始使用喷枪，对内部壁进行清洗。清洗顺序：先箱（池）顶，再四壁，最后箱（池）底，自上而下、由里向外、从左到右依次进行，喷枪左右移动的幅宽约为 1m。

（2）专用消毒液消毒。

1）更换消毒药液。

清水全面清洗作业结束后，内部作业人员通知外部作业人员更换专用消毒液。将导水管接入专用消毒液水桶内。

2）启动加压设备。

外部作业人员换好药液，通知内部作业人员准备，并启动加压设备。

3）消毒处理。

内部作业人员打开喷枪，开始消毒处理，作业顺序和方法同前项清洗作业。

（3）预注水。

关闭与其他水箱（池）连通阀。打开闸阀向水箱（池）内注水（水池需打开泵前进水阀门再打开水泵放气阀，放尽空气后关闭此阀门），水箱出水阀应缓慢开启并做相应停顿，待立管内贮满水后将阀门完全开启，避免管内进入空气，必要时应上门询问和服务，防止管内空气影响居民正常用水。流水时应关注水箱（池）进水有无旋涡、回流现象；浮球阀（遥控浮球阀）启闭应灵活。

（4）现场水质初步检测。

待水箱预注入水深达到 50cm 深度时，由清洗消毒人员现场检测采集水样，现场完成清洗后水箱（水池）水质初步检测。检测要求如下：

清洗消毒水箱（池）检测比例为 100%；

现场检测 2 项水质指标：

浑浊度≤1NTU；

余氯≥0.05mg/L。

若检测水样不合格，清洗消毒人员应根据不合格指标查找原因，并进行相应处理，直至 2 项水质指标全部合格。

3. 后续工作

（1）通水。

水质经现场检测合格后通水。

达到设定水位后加盖上锁。

收装好所有工具，清理工作现场，保持工作现场整洁干净。

第三方水样检测机构取样检测。

（2）检测：浑浊度、消毒剂余量、色度、菌落总数、总大肠菌群、嗅味、pH 值、肉眼可见物共 8 项水质指标。

3.3.3　水箱全自动清洗设备

由二次供水设备或专用供水设备供水，定期对水箱（包括不锈钢生活水箱、钢板衬塑水箱、混凝土衬塑水箱、玻璃钢生活水箱等）或稳流罐进行自动清洗消毒的一种设备。

1. 功能

（1）设备应具有手动启停的功能。

（2）设备应具有人工预设清洗、消毒时间功能。

（3）设备应具有清洗水枪自检功能，在非清洗时段应每隔30d自动无负载运转一个周期。

（4）设备应具有声、光自动报警功能。

（5）设备应具有紧急停止功能，电控柜应配置紧急停止按钮。

（6）设备电控柜的人机交互界面应显示电压、电流、电动阀门启闭状态、清洗消毒作业各阶段和时间、水箱液位、清洗压力、下一次清洗时间提示等参数。

2. 性能

（1）设备在额定工况下一个工作周期内稳定运行，应无渗漏、卡滞、不出水等现象。

（2）设备自身供水管路应能承受1.5倍额定工作压力，无渗漏现象。

（3）清洗水枪喷口应能在水平方向360°旋转，垂直方向偏转应不小于±100°；在额定工作压力下，清洗水枪的有效清洗距离应不小于2.5m。

（4）在额定工作压力下，雾化喷口所喷洒的消毒液应能无死角覆盖所清洗的水箱内壁、加强筋和导流墙。

3. 卫生

（1）设备涉水零部件材料应符合国家现行标准《生活饮用水输配水设备及防护材料的安全性评价标准》GB/T 17219的规定。

（2）清洗水枪与水箱连接应密封可靠，不得破坏水箱整体密闭性。

（3）设备所用消毒液成品经过文丘里管稀释后的浓度应符合国家现行标准《普通物体表面消毒剂通用要求》GB 27952的规定，使清洗消毒后的水箱储水水质保持进水水质。

4. 水箱用自动清洗消毒设备的组成

水箱用自动清洗消毒设备的组成见图3-1。

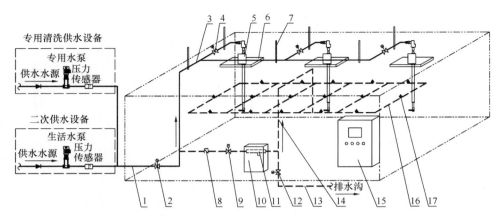

图 3-1　水箱用自动清洗消毒设备

1—供水总管；2—供水电动阀；3—清洗供水管；4—水枪电磁阀；5—清洗水枪；6—水枪连接座；7—管路吊架；8—止回阀；9—消毒电磁阀；10—加药箱；11—文丘里管；12—放空电磁阀；13—放空管；14—消毒液管；15—电控柜；16—箱内消毒管路；17—雾化喷口

3.4　应　急　抢　修

在巡检、日常养护的基础上实施报修维修。它不规定具体维修周期，而是通过巡检、保养等状态检测，结合事故发生得来的信息，来诊断设备的异常和劣化程度，以便制订具有针对性的维修计划，来适时地对设备进行修复、更换，恢复设备应有的性能和功能。

报修维修要坚持状态检测维修与故障维修相结合的原则，即对关键设备以状态检测维修为主；对非关键的、不易损坏又无法周期更换的设备可实施故障维修。

二次供水设备的管理，一定要严格执行巡检制度及保养制度，实施劣化倾向管理；对处于临界状态运行的设备一定要控制恰当，避免将状态检测维修变成故障维修。

报修维修的时间安排一定要及时、适时、有效，防止故障扩大影响正常供水。

维修前如需断水，应有书面通知，并公示后备案；紧急断水前，应有口头通知，事后补齐书面材料备案。

3.4.1 水泵机组

水泵类型不同，其故障的表现形式也不一样，但概括起来，水泵机组常见故障形式及排除方法见表 3-1。

水泵机组常见故障形式及排除方法 表 3-1

故障现象	可能产生的原因	排除方法
水泵不出水	A 进出口阀门未打开，进出管内阻塞，流道叶轮阻塞	A 检查，去除阻塞物
	B 电机运行方向不对，电机缺相转速很慢	B 调整电机方向，紧固电机接线
	C 吸入管漏气	C 拧紧各密封面，排除空气
	D 泵没灌满液体，泵腔内有空气	D 打开泵上盖或打开排气阀，排尽空气
	E 进口供水不足，吸程过高。底阀漏水	E 停机检查，调整（并网自来水管和带吸程使用易出现此现象）
	F 管道阻力过大，泵选型不当	F 减少管路弯道，重新选泵
水泵流量不足	A 先按水泵不出水原因检查	A 先按水泵不出水排除故障
	B 管道，泵流道叶轮部分阻塞，水垢沉积，阀门开度不足	B 去除阻塞物，重新调整阀门开度
	C 电压偏低	C 稳压
	D 叶轮磨损	D 更换叶轮
功率过大	A 超过额定流量使用	A 调节流量关小出口阀门
	B 吸程过高	B 降低吸程
	C 泵轴承磨损	C 更换轴承
杂声振动	A 管路支撑不稳	A 稳固管路
	B 液体混有气体	B 提高吸入压力排气
	C 产生气蚀	C 降低真空度
	D 轴承损坏	D 更换轴承
	E 电机超载发热运行	E 按照电机发热处理方法调整
电机发热	A 流量过大，超载运行	A 关小出口阀
	B 碰擦	B 检查排除
	C 电机轴承损坏	C 更换轴承
	D 电压不足	D 稳压

续表

故障现象	可能产生的原因		排除方法	
水泵漏水	A	机械密封磨损	A	更换
	B	泵体有砂孔或破裂	B	焊补或更换
	C	密封面不平整	C	修整
	D	安装螺栓松懈	D	紧固

3.4.2　水泵电气控制柜

由于长时间的使用、外力磨损以及其他原因都会使电气控制柜中电器设备在使用过程中出现故障问题。二次供水设施（备）水泵房电气控制柜常见故障及排除方法见表3-2。

水泵房电气控制柜常见故障及排除方法　　　　　表 3-2

故障现象	可能产生的原因		排除方法	
不能开启电机	A	三相电源进线没电或缺相	A	检查三相进线
	B	控制电路熔断器熔断	B	检查熔断器
	C	控制电路接触器损坏	C	更换接触器
缺水指示灯亮	A	水池缺水	A	调整池球位置
过载灯亮	A	电机过载	A	检查电机
	B	叶轮被杂物卡住	B	清洗泵体流道
	C	热断电器参数整定不准确	C	重新整定热继电路参数
手动工作正常自动不工作	A	浮球故障	A	更换浮球
自耦减压能启动，但不能转换到全压运行，且启动时间较长，延时切断减压电源（保护电路工作）	A	电流-时间转换继电器故障	A	仔细检查，更换
	B	转换电路中间继电器线圈损坏		
	C	接触器损坏		
	D	时间继电器线圈损坏		
自耦减压不工作	A	变压器线圈损坏	A	仔细检查，更换
	B	时间继电器损坏		
潜污泵主用泵损坏，备用泵不能自动投入	A	备用泵控制浮球损坏	A	更换浮球
主用泵损坏，备用泵不能自动切入工作	A	故障时间继电器	A	更换时间继电器

故障现象	可能产生的原因	排除方法
Y-△降压不工作1、能启动电机，但不能转换到全压工作	A 转换时间继电器损坏	A 仔细检查，更换
Y-△降压不工作2、不能启动电机	A 接触器IXC损坏	A 仔细检查，更换
变频控制水压波动	A 变频器PID参数调整不当	A 调整变频器参数
	B 远传压力表故障	B 更换远传压力表
变频控制自动不启动	A 缺水液位控制器动作	A 检查水位
	B 热继电器动作	B 调节热保护电流
	C 变频器故障	C 检修变频器

3.4.3 楼宇管道及附属设备

（1）接到报修通知1h内赶到现场，同时联系物业，紧急关闭管路阀门，如是水泵出水管发生爆管，需要马上停止水泵运行。

（2）常见故障及排除方法见表3-3。

楼宇管道及附属设备常见故障及排除方法　　　　表3-3

故障现象	可能产生的原因	排除方法
楼宇管道渗漏水	A 法兰橡胶垫片损坏	A 法兰橡胶垫片损坏
	B 螺纹接口损坏，渗水	B 铅塞堵漏
	C 螺纹接口损坏，漏水	C 抢修抱箍
	D 钢管渗漏水	D 抢修抱箍
	E 聚丙烯PPR管渗漏水	E 更换管道
	F 阀门渗漏水	F 更换阀门
	G 管道表面凝结水珠	G 管道保温
三件套故障	A 格林漏水	A 更换格林
	B 阀门漏水	B 更换阀门
	C 水表漏水	C 更换水表
无人用水，水表走字	A 水压波动，导致走字	A 安装单向阀

故障现象	可能产生的原因		排除方法	
减压阀不减压	A	减压阀先导阀堵塞	A	清洗减压阀先导阀
	B	减压阀先导阀控制阀门未调节好	B	调节先导阀
减压阀供水量不足	A	过滤器内有异物堵塞	A	清洗过滤器
	B	减压阀内有水垢阻塞	B	清洗减压阀
减压阀有哨叫声	A	减压阀反应滞后	A	调节减压阀
楼宇管道抖动	A	管道支架松动	A	管道支架紧固
	B	管道堵塞	B	管道疏通
	C	门栋阀损坏	C	更换门栋阀
	D	管网压力偏大	D	调节水泵出水压力
	E	止回阀失灵导致水锤现象	E	更换止回阀
	F	泵房水池浮球阀抖动	F	安装进水消能筒
	G	屋顶水箱进水浮球阀抖动	G	安装进水消能筒
	H	管道中有空气	H	管道中有空气
变频供水，压力不足	A	变频压力设定偏低	A	调节变频泵设定压力
	B	管道末端有气阻	B	管道末端增加排气阀
屋顶水箱用空	A	水泵没有自动启动补水	A	检查水泵自动控制
	B	多层水箱水泵供水时间不足	B	延长水泵供水时间
	C	进水浮球阀故障	C	更换进水浮球阀
	D	直供水，市政压力降低	D	检查市政管网，恢复市政原有压力
楼宇管道供水不足	A	管道内衬塑层脱落堵塞管道	A	清理管道
自来水发黄	A	管道内锈蚀	A	更换管道
自来水发浑	A	因突发性爆管事故引起的	A	放完
自来水发白	A	泵房水池进水管有空气	A	在进水管积气点开孔
	B	水泵机封渗漏吸入空气	B	检修水泵
	C	楼宇管道内有空气	C	检查管道，消除管道死角
	D	屋顶水箱进水管有空气	D	在进水管积气点开孔

3.4.4　水箱（池）及附属设备维修

（1）常见故障及排除方法见表 3-4。

水箱（池）及附属设备维修常见故障及排除方法　　　　表 3-4

故障现象	可能产生的原因	排除方法
瓷砖掉落	A　瓷砖空鼓	A　重新修补
钢筋混凝土水箱、水池渗水	A　混凝土墙体渗漏	A　高压注浆修补
内衬不锈钢水箱渗水	A　内衬板焊缝渗漏	A　修补焊缝
不锈钢拼装水箱渗水	A　焊缝渗漏	A　修补焊缝
屋顶水箱溢水	A　浮球阀垃圾卡滞	A　清洗浮球阀
	B　浮球阀损坏	B　更换浮球阀
	C　水泵控制柜失灵	C　检查水泵控制柜液位控制是否正常
	D　液位器自动控制失灵	D　检查液位器信号是否正常
泵房水池溢水	A　浮球阀垃圾卡滞	A　清洗浮球阀
	B　浮球阀损坏	B　更换浮球阀
屋顶水箱不进水	A　浮球阀垃圾卡滞	A　清洗浮球阀
	B　浮球阀损坏	B　更换浮球阀
	C　水泵控制柜失灵	C　检查水泵控制柜液位控制是否正常
	D　液位器自动控制失灵	D　检查液位器信号是否正常
地下室泵房水池不进水	A　浮球阀垃圾卡滞	A　清洗浮球阀
	B　浮球阀损坏	B　更换浮球阀
	C　缺水保护液位器损坏误发出溢水信号，导致电动阀关闭	C　更换液位器

（2）水箱（池）的管道、阀门及其他连接件在维修后应进行耐压试验，要求应符合下列规定：

强度耐压试验。试验压力应为 1.5 倍额定工作压力，保持压力 10min，无渗漏及裂纹等现象。

严密性耐压试验。试验压力应为 1.25 倍额定工作压力，保持压力 30min，无渗漏现象。

（3）水箱（池）的构筑物在维修后应进行满水试验。渗水量应按设计水位下浸润的池壁和池底总面积计算，钢筋混凝土水箱（水池）不得超过 $2L/(m^2 \cdot d)$，砖石砌体水池不得超过 $3L/(m^2 \cdot d)$。在满水试验时，外壳部分应进行外观检查，发生漏水、渗水时，必须修补。

（4）水箱（池）的构筑物在维修后应进行清洗消毒。

3.5　常见安全注意事项

3.5.1　人员要求

（1）维护人员持证上岗，登高作业须有登高证，进入水池水箱人员须持有有限空间操作证，电气维护人员须持有电工证。

（2）维护工作，须二人一组进行。

3.5.2　维护保养安全操作注意事项

（1）水泵维护须切断水泵电源。

（2）起吊水泵、电机应注意吊运的安全，防止发生损伤设备和人员伤害事故。

（3）上屋顶水箱作业必须佩戴保险带。

（4）雷雨天需要巡视室外电气设备时，应穿绝缘鞋，并不得靠近避雷器和避雷针。

（5）屋顶水箱清洗时，放水时要注意排水管是否畅通，防止管道堵塞引起溢水事故。

（6）清洗水池（箱）时，消毒人员需戴防护眼镜和口罩，如有头晕气喘，应立即离开，并到外面呼吸新鲜空气。

（7）楼宇管道切割，不允许采用电气、焊等明火操作。

（8）在维护保养空间内，不允许烟蒂等明火出现。

（9）楼宇管道检修时，检修区域须有安全围护设施和标识。

（10）楼宇管道检修时，地坪上积水须及时清理，防止发生人员滑倒事故。

（11）水泵房内检修，地坪上的油污、积水及时清理，防止发生人员滑倒事故。

3.5.3 维护保养用电安全注意事项

（1）维护现场用电，必须有接地保护。

（2）楼宇管道维护保养现场用电，不允许在楼层配电箱的上端子搭接。

（3）使用电动工具，须带漏电保护开关，漏电开关应在使用前测试好坏。

（4）清洗水池（箱）及在水箱（池）内作业时，光源需采用36V以下的安全电压，最好用手电筒或应急灯。

第四章 二次供水水质检测

为了保证生活饮用水卫生安全，保障人体健康，2014年2月14日上海市人民政府令第13号《上海市生活饮用水卫生监督管理办法》《上海市供水水质管理细则》对二次供水设施水质管理提出了相关管理标准和具体措施。

4.1 水 质 检 测

4.1.1 日常水质检测

应在居民住宅小区设置采样点，原则上每一个小区设置1个采样点，并对其每年检测2次；对居住规模小于2000人的小区，可适当合并。检测指标为浑浊度、色度、消毒剂余量、pH值、菌落总数、总大肠菌群、嗅味及肉眼可见物8项。

4.1.2 水箱（池）清洗工作水质检测

二次供水水箱（池）清洗消毒后，清洗单位对水箱和水池水质进行自测，自测项目包括浑浊度、消毒剂余量2项，合格率应达100%。自测合格的水箱和水池预通水，并通知物业服务单位；自测不合格的安排重新清洗，直至水质自测合格。自测数据如实记录。

水箱和水池预通水后24h内，委托第三方水质检验机构按小区水箱和水池总数≤10个，取1个水箱水样；水箱和水池总数＞10个，按水箱和水池总数10%采集水样，并向上取整进行水质检测。检测项目包括浑浊度、消毒剂余量、色度、菌落总数、总大肠菌群、pH值、肉眼可见物、嗅味共8项，合格率应达100%。检测合格水箱和水池正式通水；水质检测不合格应立即分析原因，采取相应措施，重新清洗消毒直至水质检测合格。第三方检验机构应提供书面及电子版水质化验报告；供水企业应在取得书面水质化验报告后48h内在清洗水箱和水池小区张贴水质报告复印件。

水箱和水池清洗消毒后采集水样力争 4 年内不重复，同时避免与二次供水固定式水质监测点采集水样重复。

供水管理所汇总、分析自测记录及水质化验报告数据，发现问题及时处理；自测记录及水质化验报告原件由供水管理所存档；供水管理所将清洗工作水质自测记录和水质化验报告数据报送二次供水管理部。

4.1.3　水质抽验

供水水质检测中心对同一供应商同一批次提供的清洗或检测服务进行抽验；二次供水管理部门对日常水质检测和清洗工作水质检测进行抽验；发生水质问题后，供水管理所对其区域内其他未反映水质问题的地方进行总氯和浊度抽验。

4.2　水质检测仪器

水质检测仪器主要有便携式水质检测仪器和在线水质检测仪器。

4.2.1　便携式水质检测仪器

便携式水质检测仪器为便携式浊度仪、便携式余氯仪及组合工具，并配备相应试剂，如图 4-1 所示。便携式浊度仪选用 2100P 或 2100Q，便携式余氯仪选用 PC-Ⅱ，均是美国 HACH 公司的产品。便携式水质检测仪器及相应试剂由使用单位自行采购，使用单位负责便携式浊度仪每月一次的校验、标定工作。供水水质检测中心负责便携式浊度仪每年一次的检定工作。

图 4-1　便携式浊度仪、便携式余氯仪

4.2.2　在线水质检测仪器

供水管理所负责在线水质检测仪表的保养；专业服务供应商负责在线水质检测仪表的维修。

浊度仪、余氯仪需每半月对仪器进行清洁，保持仪器外壳清洁；并对水路部分进行清洗，同时检查管路是否有漏水现象。如有漏水应立即修复。

日常巡检中，应对在线浊度仪进行现场比对，要求在线浊度仪指示值与测量值误差在 ±0.1NTU 之内，超出此范围应及时寻找原因。

余氯仪每半月用标准检测仪器（HACH 便携式余氯仪或比色计）取水样进行现场比对，要求在线余氯仪指示值与测量值误差在 ±0.2mg/L 之内，超出此范围应及时寻找原因。

定期对在线浊度仪、余氯仪进行保养校验，更换易损部件。

供水水质检测中心对在线水质检测仪表维护工作进行抽检。

4.3　水　质　监　测　点

4.3.1　水质监测点设置

二次供水水质监测点设置要有代表性，能真实客观反映二次供水水质情况。供水区域头部、管理区域边界、供水区域末梢为重点监控区域；一般监控区域，二次供水水质监测点设置时应均匀分布。具备条件的水质监测点能满足同时采集管网及二次供水的水样。

二次供水水质监测点的式样：流动式水质监测点应在水箱供水或变频供水用户表后第 1 龙头处；固定式水质监测点统一安装水质采样箱；重点监控区域的固定式水质监测点宜选用在线水质仪表进行连续检测。

二次供水水质监测点的选点由供水管理所确定，并负责沟通、协调等工作。同一流动式水质监测点，连续 1 年水质检测指标合格且稳定的，供水管理所可在管理区域内做调整。

固定式水质监测点地点由二次供水管理部和供水管理所协商确定。固定式水质监测点应不少于上年新接管小区按人口配置二次供水水质监测点数的 60%。同一固定式水质监测点，连续 4 年水质检测指标合格且稳定的，供水管理所可在规划区域内提出调整申请。

4.3.2 固定式水质监测点设备安装

固定式水质监测点设备和在线水质检测仪表由二次供水管理部负责实施安装。固定式水质监测点设置在住宅小区泵房出水总管、水箱出水总管上；固定式水质监测点周边环境要求围护安全、空间宽敞、排水畅通，环境温度在 0～40℃；固定式水质监测点应通过安装采样箱并加锁来进行防护，监测点都应做好标识和编号；固定式水质监测点采样管、采样龙头采用对水质变化影响小的材质，采样箱底部安装高度为1m。

水质监测点编号采用 7 位编码，首位 2 代表二次供水水质监测点，第2～3 位代表所辖供水管理所，第 4 位代表所辖管理站，第 5 位代表所辖管理分站，第 6～7 位代表二次供水水质监测点序号（01～39 为流动式水质监测点预留编号，40～79 为固定式水质监测点预留编号，80～99 为固定式水质监测点在线水质检测仪表预留编号）。

具备旁通管的生活水泵房，泵房出水总管上安装的采样箱为管网及二次供水水质共同采样点。

二次供水新建、扩建和改建工程实施中，在泵房出水总管、高层水箱出水总管上预留 DN20 取样口，外螺用管帽封堵。

4.3.3 固定式水质监测点设备维护保养

供水管理所每月至少对管辖区内的固定式水质监测点设备巡检 1 次，做好巡检记录。供水管理所巡检中发现问题及时处置，保证水质监测点的进水、排水、标识和采样箱完好，确保水质监测点卫生干净、整洁，便于采样员采样。

供水水质检验中心采样员发现采样点有损坏，应及时通知供水业务管理部；供水业务管理部通知相关供水管理所；供水管理所应在 48h 内组织修复。

4.4 二次供水常见水质问题及原因分析

一般客户发现的水质问题，不是通过检验出来的，而是客户通过眼、鼻、口发现水质和平时有差别，感觉不能接受或怀疑水质有问题。

供水热线负责受理客户反映的水质问题，了解客户在什么情况下会提出水质诉求，针对现状和客户提出的问题，初步判断是要进行解释工作，是要直接和有关单位及部门协调解决，还是要现场调查或和有关单位及部门了解情况后再作决定。

4.4.1 现场水质问题分析的步骤

二次供水常见现场水质问题分析的一般步骤主要有：

（1）确定范围。测定反映地址和小区总进水水质，进行数据比对，可以大致判断是市政供水，还是二次供水范围的问题，以便相应的管理部门及时处理。

（2）确定状态。根据水质反映用户的地址及二次供水改造的进程，将水质问题归结为"改造前""正在改造"和"改造后"三种情况。针对不同的情况采取"尽快改造""完善制度"和"积极整改"的措施。

（3）确定原因。根据水质反映客户的地址、用水环境及供水方式的比对，确定大致范围，从而找到问题发生的共同起点，再通过排除法，找到真正原因所在，最后采取正确的措施，解决问题。

4.4.2 常见水质问题原因分析

二次供水常见水质问题主要有客户通过眼睛看到的、通过鼻子闻到的和通过嘴巴感觉到的三大类。

（1）客户通过眼睛看到的水质问题主要是指自来水发浑、发白、发黄、有异物等。

1）客户反映水龙头放出的水浑浊，放置一段时间后，水体清澈，称为"气白"现象。排除工程断水造成此类情况后，多为客户水龙头上安装有"发泡器"造成，一般解释可以解决。

2）客户反映水龙头放出的水体呈黄至红不同程度的颜色，放置一段时间后，一般有沉淀物，称为"铁黄"或"铁红"现象。排除工程通水造成此类情况后，多为水管内部长期锈蚀或水垢造成。常见清晨第一次用水和工程断水及恢复后，短时间出现此现象，一般解释解决；长时间或程度严重的，建议更换水管解决。

3）客户反映水龙头放出的水体呈不同程度的绿色，称为"铜绿"现象。

多为客户内部使用铜管及铜配件造成。常见清晨第一次用水或热水管出水，水绿情况较明显。一般大流量放空一定水量，即可恢复，可解释解决；程度严重的建议客户更换内管。

4）客户反映水龙头放出的水体呈不同程度的蓝色。一种为大容量的水在光线的映照下显出淡淡的蓝色，就好比天空、海洋总是一片蔚蓝，这是大容量纯净自来水正常现象。另一种为同一立管客户抽水马桶水箱内使用"洁厕剂"，且马桶水箱进水阀不密闭，当立管供水水压不稳，产生部分管段"负压"，致使蓝水"洁厕剂"虹吸流入立管，当同一立管客户使用时，该段蓝水从客户龙头流出，一般排放一段时间后，恢复正常。通知使用"洁厕剂"客户检修马桶，并向反映客户解释。

5）客户反映水龙头放出的水体呈黑色，需通过观察是否有臭味、是否有沉淀物来做进一步判断。如无臭味和沉淀物，是高浓度的"黄水"；如有臭味，多为"死水"造成，需了解近期是否有改变水流方向的工程；如有沉淀物，需对沉淀物进行成分分析，多为施工或管材造成。此类情况需了解发生范围或区域，查清原因后，采取针对性的处置措施。

6）客户反映存放自来水的容器内有固体沉淀物，需通过观察沉淀物的形状及颜色来做进一步判断。如沉淀物为沙粒，表面较光滑的沙粒来源于制水企业；表面较粗糙的沙粒来源输水企业管网内壁涂层或二次供水储水设施混凝土内壁，查清原因后，采取针对性的处置措施。如为白色沉淀物，多为白色的碳酸钙、碳酸镁固体沉淀，需通过问询自来水及存放容器是否加热来进一步证实，此为自来水的硬度造成，对人体无害，做解释解决。如为黄色沉淀物，多为含有铁离子成分的水垢，此类情况需了解发生范围或区域附近近期是否有工程、黄色沉淀物出现的时间长短及频次等情况，查清原因后，采取针对性的处置措施。

7）客户反映存放自来水的容器内有红色线体生物，俗称"红虫"，一般有两种，长度在1.5～2cm的学名为摇蚊幼虫，长度3～5cm的学名为水蚯蚓。供水水源污染、水厂工艺及管理问题、输水管网中的二次污染、二次供水设施设计不合理或管理欠善、客户用水环境不洁等原因，都可能造成高温天气下，红虫滋生。现场调查首先要排除客户用水点附件是否存在潮湿的抹布、拖把等用水环境不洁的原因，确定"红虫"来自供水设施内部；其次对自来水余氯进行测量和对储水设施内部清洁及外部的密闭情况进行观察；最后根据查清的原因，采取针对性的设施清洗、防虫设施修补、增加余氯等处置措施。

（2）客户通过鼻子闻到的水质问题主要是指自来水有漂白粉味、腥味或其他异味等。

1）客户反映水龙头放出的水有漂白粉味，即"消毒剂味"，多发生在清洗作业后，通水初始阶段。如味道不是很浓烈，排放一段时间后，恢复正常。如十分浓烈，需确认是否正式通水，还是阀门被误启动。

2）客户反映水龙头放出的水有煤油或油漆味，首先从工程方面查明原因。安装维修工程中，绞丝机未使用食用油作为润滑油或冷却油易造成有煤油味。维修及保养工程中丝口填料采用油麻丝或"厚白漆"；油漆操作前，未对蓄水池各口进行密封，同时场所通气不良，易造成有油漆味。通过加强工程过程管理，避免重复发生，取得客户谅解。

3）客户反映水龙头放出的水有鱼腥草味，通过比对一次供水水质嗅味，可以大致判断是上游供水范围还是二次供水范围的问题。上游供水多为原水水库藻类泛滥；二次供水多为"死水"造成。查清原因后，采取针对性的处置措施。

（3）客户通过嘴巴感觉到的水质问题主要是指自来水口感不好或有异味等。对同一水体，因个人味觉的敏感程度不同，表现出不同的味觉。人群往往将味觉和嗅觉混同，因此要区分是通过味觉还是嗅觉得出的判断，避免误判。较为常见的口感问题为不同人群对自来水有咸、涩、苦的反应，主要是由自来水中含盐浓度变化引起的，在临近海口取水的制供水系统中较为普遍。

第五章 二次供水信息化管理

二次供水作为城市供水的一个重要组成部分，必须将二次供水设施纳入城市供水管控一体化的体系中，集中监控、统一管理，当遇到城市供水突发事件时，进行统一调度，平衡峰谷，充分发挥其在城市供水管理中的调蓄作用，保障供水安全，提高供水企业的经济效益和社会效益。

5.1 二次供水信息化管理平台

二次供水设施档案资料管理是一项长期而繁重的工作，传统的资料管理存在着查阅困难、效率低下等问题。近年来，随着城镇供水管网规模不断扩大，二次供水设施对居民生活的影响越来越大，对突发事故的应变能力和处理效率提出了更高的要求，档案资料采用的传统人工管理模式已越来越不能满足供水行业"合理规划、科学管理、安全调度、优质服务"的要求。从20世纪90年代起，随着信息技术的日益发展，计算机硬件、软件功能的日益强大，供水行业在管网管理上有了日新月异的变化，各种信息化技术的应用大大提高了供水管网管理的力度、深度和效率。大量的管网数据不仅满足某些单一的应用目的，还可以同时被不同用户共享，充分利用现有的数据资源进行更加复杂的空间分析，真正实现从简单的信息收集和数据整理，到对数据进行处理、加工、再利用，更大地发挥对企业生产管理决策支持的作用。

在此形势下，二次供水设施档案资料管理信息化越来越多的为管理者所接受。

按照目前对已接管二次供水设施运行维护的需要，建立水质实时监测、设备运行监控、设备物资管理、数据远程传输、信息发布以及报修快速响应等业务功能的二次供水信息化平台系统是未来发展趋势。

5.1.1 信息化平台建设

信息化平台建设需要完成以下主要内容：

（1）安装监测仪，逐步在居民小区内安装二次供水监测仪器。

（2）数据采集传输，完成二次供水数据采集传输系统模块开发，采集居民小区的二次供水监测数据，包括水温、浊度、总氯、流量和压力信号。

（3）完成应用展示系统建设。

（4）视频安防系统建设。

（5）地理信息系统建设，建成上海二次供水地理信息平台，标识示范小区位置地理信息。

（6）控制平台建设，平台集成二次供水实施监测数据功能模块、图像采集传输功能模块、地理信息功能模块、维护保养功能模块、设备物资功能模块、信息发布功能模块。

（7）监测子站建设。

（8）收集站点的二次供水监测数据到数据中心。

建立二次供水信息化平台，通过综合运用在线水质监测系统、地理信息系统、自动化控制系统、物联网技术等，对小区二次供水设施运行状况、水质水量水压情况进行全过程的动态监测和管理。结合上海市二次供水实施改造工程，开展二次供水信息化相关基础设施建设并纳入信息化平台系统，提升二次供水服务质量和综合保障能力。

5.1.2 二次供水智能化管理系统

二次供水智能化管理系统由二次供水信息化管理系统和二次供水实时监测系统两大系统组成，二次供水信息化管理系统主要用于内部管理，涵盖基础信息、工程管理、维护管理、费用管理、统计报表等功能，并打通了与其他系统（供水热线系统、现场维修服务系统等）的信息交换通道，形成了二次供水全流程的信息化管理。二次供水实时监测系统可以动态监控试点居民小区二次供水水质和水泵状态，对水质异常和设备故障及时响应。二次供水智能化管理系统的上线将大大提高小区二次供水设施的规范化、精细化管理能力和水平，降低供水设施故障对市民生活的影响，进一步提升市民对供水服务的知情权和满意度。

5.2　二次供水在线水质监管

二次供水在线水质监管通过合理设置二次供水水质监管点，对二次供水设施的水质情况进行监管，及时准确地找到二次供水设施中存在的问题，为二次供水管理及运维提供可靠的依据。

5.2.1　基本规定

每个小区应设置不少于一个二次供水水质监管点，宜设置不少于一个二次供水水质在线监管点；二次供水水质监管点的数量和位置应能准确、及时、全面地反映二次供水水质。供水最不利点处可根据需要增设在线水质监管点。水质在线监测设备宜设置独立的水电计量设施。

（1）二次供水水质监管点应覆盖对供水水质安全有影响的关键环节，并应全面真实地反映小区二次供水水质。

（2）水质在线监管点的监测指标为浑浊度和总氯，监测频率不应小于24次/h。

（3）水质在线监测仪宜选用与现行国家标准《生活饮用水标准检验方法》GB/T 5750规定的检测方法及原理一致的产品，并应定期与标准方法进行对比试验。

（4）水质在线监测系统应具备以下功能：

1）安全登录、权限管理及记录系统设置和数据修改等操作的功能。

2）数据采集、储存、处理和输出的功能，其中数据处理功能应包括报表统计、图形曲线分析和异常数据报警等。

（5）水质在线监测系统监测频率与数据传输频率的设定应满足安全供水所需的响应与处置时间的要求。

5.2.2　在线水质监管点设置要求

1. 不同供水方式的设置要求

（1）市政直接供水。

小区供水管网最末端应设置二次供水水质人工监管点，宜设置二次供水水质在线监管点。

（2）水箱供水。

屋顶水箱处应设置二次供水水质人工监管点。距市政给水管总入口处最远的水箱出口处宜设置二次供水水质在线监管点。

（3）水泵-水箱联合供水。

泵房水池、屋顶水箱和水箱供水最末端居民用户水表前应设置二次供水水质人工监管点。距水泵供水系统最远的水箱处宜设置二次供水水质在线监管点。

（4）变频供水。

水泵出水总管或供水最末端居民用户水表前应设置二次供水水质人工监管点。水泵出水总管宜设置二次供水水质在线监管点，水泵房中若设置高低区供水泵组，仅需设置一套在线监测设备。

当一个小区有多套水泵—水箱、变频供水系统时，每套供水系统均应按上述要求设置监管点。

2. 水质在线监测仪器与设备要求

（1）水质在线监测仪器性能应符合下列规定：

1）应具有国内计量器具证书或有资质机构提供的检测报告。

2）工作电源应符合现行行业标准《仪表供电设计规范》HG/T 20509的相关规定。

3）应支持模拟量或数字量输出，数据传输宜采用 ModBus 标准通信协议。

（2）水质在线监测设备的基本构造应符合下列规定：

1）结构应合理，便于维护、检查作业。

2）应具备稳压电源和备用电源。

3）应具有防潮和防结露的结构，室内水质在线监测仪防护等级应达到IP55，室外水质在线监测仪防护等级应达到 IP65，浸水部分防护等级应达到 IP68。

4）应具有抗电磁干扰能力。

（3）水质在线监测设备进水压力应符合以下规定：

应恒定不波动，进水压力不宜大于 0.25MPa，当在线监测设备进水为变频供水方式或压力大于 0.25MPa 时仪器仪表前应设置稳压水箱或减压阀，稳压水箱容积不大于 XXL，以保证水样的水压稳定，有助于仪器仪表的稳定、安全运行。

（4）水质在线监测仪器应具备下列基本功能：

中文操作界面；数据显示、存储和输出；零点、量程校正；时间设定、校对、参数显示；故障自诊断及报警；周期设定和启动等功能的反控；断电保护和来电自动恢复。

5.2.3　在线水质监管点的安装及验收

（1）水质在线监测设备的安装及验收应符合现行国家标准《自动化仪表工程施工及质量验收规范》GB 50093 的有关规定。

（2）水质在线监测设备安装环境应符合下列规定：

1）安装的位置和预留的空间应合理，应方便操作人员使用、维护和校验。

2）安装场所应具有防盗和防人为破坏的设施。

3）水质在线监测设备附近应有良好的排水条件。

4）水质在线监测设备采集到的数据经过网络传输，应有良好的通信信号，保证数据传输稳定可靠。

5）安装环境应无电磁干扰。

（3）水质在线监测仪器和配套设施验收时应确认下述技术资料：

1）系统稳定运行 3 个月的完整记录。

2）在线监测仪器性能试验报告。

3）在线监测仪器和配套设施的设计、施工、安装调试等相关技术资料。

（4）水质在线监测仪器和配套设施应进行现场验收，并应符合下列规定：

1）验收期间不应对水质在线监测仪进行零点或量程校正、维护、检修或调节。

2）应根据实际需要进行数据通信测试，并提交测试报告。

5.2.4　在线水质监管点的运行维护与管理监督

1. 水质监测数据

（1）水质监测数据报送。

市供水企业应定期将二次供水水质监管点的检测数据报送市供水调度监测中心，并抄送市水务部门、市卫生计生部门。

郊区供水企业应当按规定定期将二次供水水质监管点的检测数据报送至

郊区供水行政主管部门，同时上报至市供水调度监测中心。

郊区供水行政主管部门应当按规定定期将二次供水水质监管点的检测数据报送至市供水调度监测中心。

（2）水质信息公开。

市水务局、市供水处、各区水行政主管部门应当按照相关规定，通过政府网站等形式定期公布供水水质监测信息。

公共供水企业应当建立水质信息公布制度，定期通过网站等形式向社会公布供水水质监测信息。

2．档案资料

市供水管理处对二次供水水质监管点的监测数据及相关记录进行留档。

3．水质在线监管点监测仪器的运行维护

（1）应明确水质在线监测系统维护的责任单位、责任人、职责及资源保障。

（2）运行维护应由经过培训的技术人员实施。

（3）水质在线监测系统应根据水质在线监测仪器的要求定期核查，核查内容应包括数据检查和现场巡查。

（4）监管点的日常维护和现场巡查应做好记录，发现故障应及时报告，应包括但不限于下列内容：

1）日常维护周期建议为每两周一次，每两个月对监测系统进行复位试验。

2）水质在线监测仪器及附属设备运行状态是否正常，检查连接处有无损坏。

3）水质在线监测仪器的运行环境是否符合要求。

4）线路、管路是否有破损、泄漏等现象，水流是否通畅。

5）各标准溶液与试剂是否充足有效。

6）水质在线监管点电源和接地装置是否良好，电路系统、通信系统是否正常。

7）数据传输是否正常。

（5）水质在线监测仪器和配套设施应进行预防性维护，维护内容应符合下列规定：

1）应保持在线监测仪器清洁、稳固，环境温湿度符合要求。

2）应保持仪器管路畅通，进出水流量正常，无漏液。

3）应按水质在线监测仪器说明书进行维护、更换易耗品和试剂。

4）应保持监管点内清洁，并保证辅助设备正常运行。

5）废弃物收集处置应符合相关规定和要求。

（6）水质在线监测仪器应定期校验，对影响检测结果的部件进行故障维修或更换后，应重新进行校验。

（7）水质在线监测系统出现报警后应及时排查，确定故障后应及时排除。

（8）应根据实际情况建立水质在线监测仪器的运行、维护、校验、维修等过程的记录档案。

4. 水质在线监管点数据采集与管理

（1）水质在线监测系统的数据采集与管理应符合下列规定：

1）应具有足够的数据存储容量，可检索，可扩展。

2）应具有数据备份和加密等功能。

（2）数据采集内容应包括采样时间、检测时间、检测结果等，可根据需要增加电源故障、校验结果、设备维护记录、仪器运行状态等数据。

（3）数据传输可采用有线或无线方式，宜采用专网传输。在公共网络上传输时，应采取加密措施。

（4）数据检查时应对水质在线监测数据进行有效性审核，并符合下列规定：

1）水质在线监测仪器在故障状态下，校准和维护期间监测的数据及超量程的数据应视为无效数据，应对该时段的数据做标记，作为仪器检查和校准的依据予以保留。

2）水质在线监测数据短时间内急剧上升或下降时，应及时查明原因，判断数据的有效性。

3）当水质在线监测数据长时间保持不变时，应通过现场检查、质量控制等手段进行校核。

4）超出水质在线监测仪器校准周期的数据应评估其数据有效性。

（5）发现水质在线监测数据异常时，应确认数据异常的原因并采取处置措施，必要时可提高人工检测频率。

5. 水质在线监管点质量保证与控制

（1）水质在线监测系统的质量控制管理人员应培训合格后上岗。

（2）应按本导则进行水质在线监测系统的安装、验收、运行、维护与管理。

（3）水质在线监测仪器的定期质量控制应包括但不限于下列方式：

1）采用有证标准物质进行校验；有证标准物质无法获得时，可采用自行配置的标准样品进行校验。

2）实际水样比对试验按标准方法进行检测时，应采用检定合格或校准后的设备。

3）当校验结果超出限值时，应分析原因，并对上次校验合格到本次校验不合格期间的数据进行确认。

5.3　二次供水数据共享

供水企业应建立二次供水设施管理信息化平台，设立远程监控点，实时监控水质、水压等数据，各区水行政主管部门也应建立二次供水设施信息监管系统，及时获取二次供水信息，加强设施管理，监督供水企业生产运行。二次供水数据应同步接入上海市供水管理处二次供水信息化监管平台，实现信息共享，提高运行效率，规范服务操作。

5.3.1　数据共享原则

（1）科学性：数据共享的方式要科学合理，满足数据使用方的应用需求。

（2）统一性：同一数据提供方的分享方式要统一，公共数据的代码应多参考国家相关标准（GB）。

（3）扩展性：数据分享设计时需充分考虑数据范围扩充、时间增量等问题。

（4）安全性：数据应在双方约定的权限范围内分享。

5.3.2　数据提供方式

数据提供方通过 Web Service 方式提供数据，并对分享数据的结构进行说明，如提供数据字典或格式说明等。通过约定的 Web Service 接口格式，需提供详细的接口规范文档。

Web Service是一个平台独立的、低耦合的、自包含的、基于可编程的

Web 的应用程序，可使用开放的 XML（标准通用标记语言下的一个子集）标准来描述、发布、发现、协调和配置这些应用程序，用于开发分布式的互操作的应用程序。

5.3.3　整体架图

由数据交换中心、交换节点组成，如图 5-1 所示。

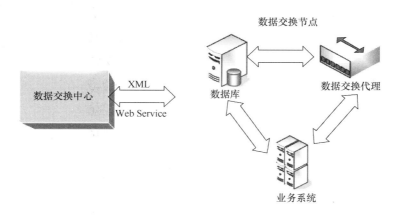

图 5-1　数据交换中心、交换节点组成图

5.3.4　服务端接收数据过程

（1）数据封装：为方便数据传输和解析，客户端通过 Web Service 交换的数据需要封装成格式 JSON 数据，并严格按照此规范。

（2）返回结果：服务端进行完校验，解析成功并反馈给业务系统后，会反馈成功信息给客户端，如不成功则返回不成功。

5.3.5　数据管理要求

（1）数据共享服务器由所属方负责维护，保障服务器系统稳定、网络畅通，且有足够的空间存放共享数据。

（2）数据提供方应建立数据的动态更新和核准机制，确保提供数据完整性、一致性和准确性。

（3）数据提供方若因维护需要暂停数据共享，应在暂停前和恢复后及时通知数据使用方。

（4）数据使用方在数据使用过程中发现的问题和差异，需及时返还数据提供方并进行核准。

5.3.6 规则约定

（1）Web 服务接口定义（WSDL）。

数据收集接口采用 Web Service 接口规范制定，采用 WSDL 格式发布，客户端通过 WEB 地址获取。

（2）数据项说明。

1）英文编码：数据项的英文名称，也是数据库中的字段名称。

2）中文名称：字段的中文名称。

3）定义：对字段的说明。

4）字段类型：数据项的实际字段类型，本文档以 Sql Server 数据库为例。

5）字段说明：对数据项的说明，包括主键、非空等。

6）字典：值域代码字典名称，表示此数据项需要根据提供的字典对照，字典文档中未提供的字典根据区域需求另外决定是否对照或者限制对照的值域。

（3）注意事项：

1）原则上数据不允许出现空格，在数据写入时必须进行去空格处理，部分描述性字段除外。

2）水质监测点（Monitoring _ ID）、水温（P _ TEMPERATURE）、pH 值（P _ pH）、总氯（P _ TOTAL CHLORINE）相关说明请参照约定。

公共字段（Last _ Update _ DTime）为本条数据实际提交到前置机数据库的当前时间，在数据更新时做出相应修改见表 5-1。

英文编码定义汇总表　　　　　　　　　　表 5-1

英文编码	名称	定义	字段类型	字段说明
LAST _ UPDATE _ DTIME	最后修改时间	最后修改时的公元纪年日期和时间的完整描述	DATE	索引；NOT NULL
Monitoring _ ID	水质监测点代码	水质监测点编号代码	VARCHAR2(50)	主键；NOT NULL
Monitoring _ NAME	水质监测点中文名称	水质监测点的中文全称	VARCHAR2(128)	

续表

英文编码	名称	定义	字段类型	字段说明
P_TEMPERATURE	温度	监测到的温度	VARCHAR2(20)	
P_PH	pH 值	监测到的 pH 值	VARCHAR2(20)	
P_TOTAL CHLORINE	总氯	监测到的总氯	VARCHAR2(20)	
P_TURBIDITY	浊度	监测到的浊度	VARCHAR2(20)	

第六章 职业道德与对外服务

中共中央 2001 年 9 月 20 日印发实施的《公民道德建设实施纲要》，将我国公民应遵守、需要在全社会大力倡导的基本道德规范概括为 20 个字，即：爱国守法、明礼诚信、团结友善、勤俭自强、敬业奉献。这些规范是第一次系统地、集中地作为我国公民的基本道德规范被提出来。

6.1 职 业 道 德

从我国历史和现实的国情出发，社会主义道德建设要坚持以为人民服务为核心，以集体主义为原则，以爱祖国、爱人民、爱劳动、爱科学、爱社会主义为基本要求，以职业道德为着力点。

为人民服务作为公民道德建设的核心，是社会主义道德区别和优越于其他社会形态道德的显著标志。它不仅是对共产党员和领导干部的要求，也是对广大群众的要求。每个公民不论社会分工如何、能力大小，都能够在本职岗位，通过不同形式做到为人民服务。在新的形势下，必须继续倡导为人民服务的道德观，把为人民服务的思想贯穿于各种具体道德规范之中。要引导人们正确处理个人与社会、竞争与协作、经济效益与社会效益等关系，提倡尊重人、理解人、关心人，发扬社会主义人道主义精神，为人民为社会多做好事，反对拜金主义、享乐主义和极端个人主义，形成体现社会主义制度优越性、促进社会主义市场经济健康有序发展的良好道德风尚。

集体主义作为公民道德建设的原则，是社会主义经济、政治和文化建设的必然要求。在社会主义社会，人民当家作主，国家利益、集体利益和个人利益根本上的一致，使集体主义成为调节三者利益关系的重要原则。要把集体主义精神渗入社会生产和生活的各个层面，引导人们正确认识和处理国家、集体、个人的利益关系，提倡个人利益服从集体利益、局部利益服从整体利益、当前利益服从长远利益，反对小团体主义、本位主义和损公肥私、损人利己，把个人的理想与奋斗融入广大人民的共同理想和奋斗之中。

爱祖国、爱人民、爱劳动、爱科学、爱社会主义作为公民道德建设的基本要求，是每个公民都应当承担的法律义务和道德责任。要引导人们发扬爱国主义精神，提高民族自尊心、自信心和自豪感，以热爱祖国、报效人民为最大光荣，以损害祖国利益、民族尊严为最大耻辱，提倡学习科学知识、科学思想、科学精神、科学方法，艰苦创业、勤奋工作，反对封建迷信、好逸恶劳，积极投身于建设有中国特色社会主义的伟大事业中。

职业道德是所有从业人员在职业活动中应该遵循的行为准则，涵盖了从业人员与服务对象、职业与职工、职业与职业之间的关系。随着现代社会分工的发展和专业化程度的增强，市场竞争日趋激烈，整个社会对从业人员职业观念、职业态度、职业技能、职业纪律和职业作风的要求越来越高。要大力倡导以爱岗敬业、诚实守信、办事公道、服务群众、奉献社会为主要内容的职业道德，鼓励人们在工作中做一个好建设者。

6.2　行　业　理　念

6.2.1　基本规范

爱岗敬业是社会主义职业道德最基本、最起码、最普通的要求，是职业道德的核心和基础，是社会主义主人翁精神的表现。爱岗，就是热爱自己的工作岗位，热爱自己的本职工作。敬业，就是以极端负责的态度对待自己工作。敬业的核心要求是严肃认真，一心一意，精益求精，尽职尽责。

诚实守信是做人的基本准则，也是职业道德的一个基本规范。诚实就是表里如一，说老实话，办老实事，做老实人。守信就是信守诺言，讲信誉，重信用，忠实履行自己承担的义务。诚实守信是各行各业的行为准则，也是做人做事的基本准则，是社会主义最基本的道德规范之一。

办事公道是指对于人和事的一种态度，也是千百年来人们所称道的职业道德。它要求人们待人处事要公正、公平。

服务群众就是为人民群众服务，是社会全体从业者通过互相服务，促进社会发展、实现共同幸福。服务群众是一种现实的生活方式，也是职业道德要求的一个基本内容。

奉献社会就是积极自觉地为社会做贡献。这是社会主义职业道德的本质特征。奉献社会自始至终体现在爱岗敬业、诚实守信、办事公道和服务群众的各种要求之中。

6.2.2 行业理念

水资源是城市发展的基本条件，水环境和水安全对于城市的可持续、人们的生活质量具有重要意义。随着我国社会经济发展和城镇化进程加快，水资源短缺与用水需求不断增长的矛盾日益突出。实现最大限度地管好水、用好水为目标的"二次供水""水质提升""智慧水务"等城市水务建设与运行管理成为行业的重要目标。急需引进国际上水务发展的先进理念、技术和成功经验，进一步推进我国城市水务市场化改革和产业化进程，加快我国水行业的技术进步和机制创新。上海供水以创新、专业、诚信、负责为发展理念，始终秉承"人民城市人民建，人民城市为人民"的理念，以"城市基础设施和公共服务整体解决方案提供商"为战略定位，围绕创新驱动、转型发展主线，积极打造 CIMO（咨询策划、投融资服务、建设管理、运营管理）专业服务能力，以成熟的商业模式，为不同地域、不同规模的城市提供基础设施和公共服务整体解决方案或订单式服务，着力提升城市形象、强化城市功能、改善城市环境，为新型城镇化建设做出应有的贡献。

6.3 对 外 服 务

6.3.1 对外窗口

本市供水行业的营业厅作为城市综合服务的窗口，早在 2009 年迎世博期间，就全面推广了服务窗口硬件设施标准化建设，在全国各直辖市、省会城市范围内率先采用供水行业统一标识，展示城市文明形象、体现公共服务水平，树立行业整体形象。

供水行业时刻不忘保障城市供水安全的初心，紧紧把握时代进步的脉搏和绿色、创新的理念，多方征求意见后，对原有上海供水行业标识在视觉效果进一步优化，提升整体设计艺术性和时尚感，如图 6-1、图 6-2 所示。简约现代的新标识，直观传递品牌信息的同时，也传达了具有影响力和值得信赖的品牌形象，给市民更好的视觉体验和吸引力。

新标识的灵感来源于上海的母亲河黄浦江，蜿蜒的流水构成了上海的首字母"S"；上下两部分图形又像两只相对手掌，呵护着代表水资源的水滴，寓意上海供水与人民生活密切相关，时刻呵护与保障人民的供水需求。新标识的外形似一个蜂巢的形状，象征着上海供水行业团结进取，不断创新，为城市发展助力。

图 6-1　上海供水行业
标识图案（一）

与新标识相匹配的还有营业厅内部硬件设施的升级。新的营业厅内，引导区、等候区、展示区、窗口接待区等各个功能区简洁明了、大方得体，市民一进门就能快速"对号入座"。营业厅内部还设置了防撞条、营业时间牌、分类垃圾桶等便民设施，更好地提升服务体验。新窗口对工作接待人员的服务态度、效率、规范等行为提出了更高的要求，通过加强监督管理，促进服务质量的提升。

图 6-2　上海供水行业标识图案（二）

6.3.2　沟通技巧

对外服务要讲究沟通技巧，《哈佛人力资源管理》对沟通技巧介绍了如下模式：

倾听技巧：倾听能鼓励他人倾吐他们的状况与问题，而这种方法能协助他们找出解决问题的方法。倾听技巧是有效影响力的关键，而它需要相当的耐心与全神贯注。倾听技巧由 4 个个体技巧所组成，分别是鼓励、询问、反应与复述。1）鼓励：促进对方表达的意愿。2）询问：以探索方式获得更多对方的信息资料。3）反应：告诉对方你在听，同时确定完全了解对方的意思。4）复述：用于讨论结束时，确定没有误解对方的意思。

气氛控制技巧：安全而和谐的气氛，能使对方更愿意沟通，如果沟通双方彼此猜忌、批评或恶意中伤，将使气氛紧张、冲突，加速彼此心里设防，使沟通中断或无效。气氛控制技巧由4个个体技巧所组成，分别是联合、参与、依赖与觉察。1）联合：以兴趣、价值、需求和目标等强调双方所共有的事务，造成和谐的气氛而达到沟通的效果。2）参与：激发对方的投入态度，创造一种热忱，使目标更快完成，并为随后进行的推动创造积极气氛。3）依赖：创造安全的情境，提高对方的安全感，而接纳对方的感受、态度与价值等。4）觉察：将潜在"爆炸性"或高度冲突状况予以化解，避免讨论演变为负面或破坏性。

推动技巧：推动技巧是用来影响他人的行为，使之逐渐符合我们的议题。有效运用推动技巧的关键，在于以明白具体的积极态度，让对方在毫无怀疑的情况下接受你的意见，并觉得受到激励，想完成工作。推动技巧由4个个体技巧所组成，分别是回馈、提议、推论与增强。1）回馈：让对方了解你对其行为的感受，这些回馈对人们改变行为或维持适当行为是相当重要的，尤其是提供回馈时，要以清晰具体而非侵犯的态度提出。2）提议：将自己的意见具体明确地表达出来，让对方能了解自己的行动方向与目的。3）推论：使讨论具有进展性，整理谈话内容，并以它为基础，为讨论目的延伸而锁定目标。4）增强：利用增强对方出现的正向行为（符合沟通意图的行为）来影响他人，也就是利用增强来激励他人做你想要他们做的事。

6.3.3　行为举止

（1）穿着统一工作服，态度热情，服务文明，上门服务人员仪容仪表简洁、大方。

（2）上门服务人员应携带公司统一工作包（箱），维修工具、常用配件应齐全、完备。带好"一只马甲袋、一块揩布、一双脚套"，便民不扰民。

（3）在因工作需要进入居民室内时，应先按门铃或轻轻敲门，主动向客户表明身份及来意；应出示工作证件，征得同意后应穿上自带的鞋套方可入内。

（4）在现场工作时，不使用客户的电话，不办理与工作无关的事宜，不在客户处就餐，不收受客户任何形式的馈赠。

（5）在使用工具或材料时，应轻放有序。如需借用客户物品，应征得客户同意，用完后完好归还并致谢。

（6）现场工作结束后，应做到工完、料净、场地清。

（7）上门服务人员在维修完毕后，应将工作结果和需客户继续配合的事宜交代清楚，并礼貌地向客户道别。

6.3.4 "三、六、三"星级服务操做法

（1）三标准：预约时间准点、遵守操作规范、问题一次解决。

（2）六规范：着装统一标识统一、上门修理自报家门、疑难问题耐心解释、搬动物品修毕复位、服务质量客户认定、产生垃圾清扫带走。

（3）三谢绝：谢绝客户动手、谢绝客户招待、谢绝客户礼金。

附录A 改造实例

附1 浦东新区东五小区

1 小区现状

小区北侧为东陆路，西侧为利津路，门牌号为东陆路 898 弄 1～3，7～12，14～25，27～39，41～44，46～50，54～57，59～62，63～66，68～76号。本小区共有 18 幢住宅楼，64 个门洞；共 6 种房型，分为一梯两户，一梯五户和一梯六户。总户数为 828 户，总建筑面积约为 45759.58m²。小区竣工时间为 1998 年，为售后房。本小区均为六层的多层住宅。整个小区设有 1 座生活水泵房，供水方式原始状态为水泵水箱联合供水，后因种种原因将屋顶水箱取消，变为变频供水，目前已经稳定运行十多年，如附图 A-1 所示。

1.1 泵房

本小区共一座水泵房，为独立建筑，供水方式为变频供水，水泵为离心铸铁泵。泵房内设有两用一备三台水泵，水泵参数为 $Q = 50\text{m}^3/\text{h}$，$H = 40\text{m}$，$N = 11\text{kW}$，水泵及配套阀门、管道均已出现严重腐蚀，造成水泵供水水压不稳及水泵阀门漏水等现象。

附图 A-1 小区现状

泵房控制方式均为手动/自动，供电电源数量为 1 路。目前控制柜仅有水泵自动起泵控制模块，无水位状态显示、无流量监控、摄像监控的模块设施。

1.2 水池

本小区水泵房外设有一座钢筋混凝土水池，水池为不规则形状，半地下结构；内衬为瓷砖，且破损严重。

1.3　屋顶水箱

原有屋顶水箱已经弃用，废除。

1.4　立管

现状供水为变频供水；生活给水立管均为 PVC 管，且均为一根给水管进入居民单元楼，如附图 A-3 所示。

1.5　水表

小区所有水表均位于用户厨房内。

2　改造方案

2.1　泵房改造

小区设有一座室外独立水泵房，水泵房未改造过，本次改造依据《建筑给水排水设计规范》GB 50015 对水泵参数进行复核计算，按《上海市居民住宅二次供水设施改造工程技术标准》（沪水务〔2014〕973 号）对水泵进行改造设计。

1. 水泵参数计算

计算公式选用住宅生活给水秒流量计算公式：

（1）最大用水时卫生器具给水当量平均出流概率。

$$U_0 = \frac{100 q_1 m K_h}{0.2 \cdot N_g \cdot T \cdot 3600} (\%)$$

（2）计算管段上的卫生器具给水当量同时出流概率。

$$U = 100 \frac{1 + \alpha_c (N_g - 1)^{0.49}}{\sqrt{N_g}} (\%)$$

（3）管段设计秒流量。

$$q_g = 0.2 \cdot U \cdot N_g$$

各参数取值如下：最高日生活用水定额 $q_L = 230$ L/人·d，小时变化系数 $K_h = 2.3$；每户用水人数按 $m = 3.5$ 人，每户计算当量 $N_0 = 4.0$；用水时数 $T = 24$h。总计算用户为 828 户。

经计算后 $U_0 = 0.0268$，$\alpha_c = 0.0166$，$U = 0.0327$，经计算后多层总的设计秒流量 $q_g = 21.67$L/s$= 78$m³/h。

2. 水泵改造

小区内水泵房不改变现有的供水方式。参照水泵样本，按设计流量选用

水泵参数为 $Q=50m^3/h$，$H=40m$，$N=11kW$，两用一备；同时水泵房增加容积 100L 的气压罐及一个倒流防止器。选用的水泵应满足有内防腐、耐腐蚀的产品，水泵叶轮及泵轴采用不锈钢材质；壳体内壁、叶轮、密封环等与饮用水接触的材质、内防护材料和表面涂料均不得影响水质。泵房内管道改造：生活给水管 $>100mm$ 采用衬塑钢管，沟槽连接；$\leqslant100mm$ 选用衬塑钢管，丝口连接，与阀门连接采用法兰连接。给水阀 $<100mm$ 选用铸铜闸阀。$<300mm$ 选用弹性软密封闸阀。透气阀，浮球阀、止回阀采用内防护铸铜阀门，进水阀改为遥控浮球阀，如附图 A-2 所示。

附图 A-2　改造后的水泵

3. 控制柜

对控制柜进行更新改造，改造后的控制系统满足如下要求：

（1）控制应采用就地控制和自动化控制的方式，控制柜预留监控摄像、水泵控制、流量监控等远传端口。

（2）设备应有显示水泵运行状态信号：水泵运行开停信号、电压、电流、进出水压力、故障报警（断电、水泵故障）。显示贮水池状态：水位、报警（超高水位、超低水位）。

（3）控制柜内应安装漏电保护开关。

4. 水池

按《建筑给水排水设计标准》GB 50015—2009 要求，建筑物内蓄水池的容量宜按建筑物最高日用水量的 20%～25% 确定，另外还需满足自来水公司要求的最大日用水量 30％～40％的要求。各参数取值如下：最高日生活用水定额 q_L＝230L/人·d，每户按 3.5 人计，不可预计水量取 10％。总计算用水户数为 828 户。

小区最大日用水量为 Q_d＝828×3.5×0.23×1.1＝414.5m³（不可预计用水量取 10％）。

现有水池上部有效容积：V_1＝4.8×5.6×(1.8−0.50)＝34.944m³，现有水池下部有效容积：V_2＝5.6×9.5×(5.0−1.8−0.5)＝143.64m³，现有水池总有效容积：$V_总$＝34.944＋143.64＝178.584m³。

泵房的蓄水池容量满足：V＝414.5×0.40＝165.8m³；（按某自来水公司要求蓄水池容积按最大日用水量的 30％～40％取值）。

根据水泵房现状，水池的容积能够满足国家标准《建筑给水排水设计标准》GB 50015—2009 及自来水公司的容量要求，故不需要扩建。

本泵房水池为钢筋混凝土水池，未改造过，故本次对原钢筋混凝土水池进行改造：在水池内壁内贴高密度聚乙烯 HDPE 板，铺设面为六面。水池进出水管采用 PE 管。水池的人孔及透气管仍按原水池设置，通气管应设置空气过滤装置，人孔需要有盖且为不锈钢材质，并且上锁。溢流管位置按原水池设置，溢流管管径应比进水管至少大一号，并且溢流管末端增设不锈钢防虫网罩。水池内爬梯采用不锈钢爬梯。

2.2　立管改造

东陆路 898 弄：每个单元室外通过一根给水管向楼内居民供水，并在居民楼室外绿地内设置一个 DN50 铜质阀门及配套 ϕ600 阀门井。

东陆路 898 弄 74～76 号：废除用户厨房内（部分为外墙管）原有供水立管（UPVC 管），在楼道公共位置重新敷设供水干管。

东陆路 898 弄 1～3，7～12，14～25，27～39，41～44，46～50，54～57，59～66，68～70，71～73 号：废除楼道内原有供水立管（UPVC 管），在原立管位置处重新敷设供水干管（更新立管材质）。

室外明露和住宅公共部位有可能冰冻的给水管需进行保温，保温材料采用橡塑保温（保温材料及保护层必须达到 B 级阻燃要求），室外保温层厚度不小于 50mm，室内保温层厚度不小于 16mm，外用 0.5mm 厚铝皮保护层，如附图 A-3 所示。

给水管材：生活给水管立管采用聚丙烯（PPR）（S4 系列）管材、热熔连接，支管采用聚丙烯（PPR）（S4 系列）管材、热熔连接，过路管采用

PE100（SDR11）管，如附图 A-4、附图 A-5 所示。

附图 A-3　防冻保温套管　　　　　附图 A-4　改造后的立管

附图 A-5　改造后的楼宇管道

2.3　水表改造

原水表均位于用户厨房内，本次改造需将原户内水表拆除，将水表外移至公共楼道，每层住户水表箱及入户管均安装在各楼层公共部位，水表后支管均可就近与卫生间或厨房内给水管道接通。水表箱原则上采用挂墙式，箱底离楼层层面距离不超过 1.4m，水表以及水表箱的选型均需满足楼宇住宅表箱图集中的相关要求，如附图 A-6、附图 A-7 所示。本小区部分房型过厅紧挨着公共部位，因此入户管必须经过过厅后方能接入厨房，入户管为 $De25$。

附图 A-6 改造后的水表

附图 A-7 改造后的水表箱

本改造方案涉及东陆路 898 弄 71 号 02 和 05 室，72 号、73 号 04 室，共计 24 户居民需要穿厅，穿厅长度为 2～8m。

附 2 浦东新区花木路 718 弄

1 小区现状

小区南临梅花路，西靠咸塘浜；小区门牌号为花木路 718 弄 37～45 号，

49～51 号、55～57 号。小区共有 4 幢住宅楼，15 个门洞，4 种房型，均为一梯 2 户；总户数约为 180 户，总建筑面积约为 15186m²，小区建筑竣工时间为 1996 年，为售后房。本小区均为六层的多层住宅。小区供水方式为市政直供加水泵水箱联合供水。

1.1 泵房

本小区共一个水泵房，为独立建筑，供水方式为水泵水箱联合供水，水泵为离心泵。泵房内设有一用一备两台水泵，水泵参数为 $Q=50\text{m}^3/\text{h}$，$H=32\text{m}$，$N=7.5\text{kW}$，离心泵及配套阀门、管道均已出现严重腐蚀，造成水泵供水水压不稳及水泵阀门漏水等现象。

目前控制柜仅有水泵自动起泵控制模块，无水位状态显示、无流量监控、摄像监控的模块设施。

花木路 718 弄小区水泵房内设 7m×3m×2.7m 钢筋混凝土水池一座，水池未改造过。

1.2 屋顶水箱

本小区供水方式为水泵水箱联合供水，在每个单元屋顶均设有一个约 3m×3m×1.5m 的钢筋混凝土水箱，水箱均位于平改坡屋顶外；水箱未进行过改造。

1.3 立管

室内管道：1～2 层市政直供，3～6 层屋顶水箱供水；生活给水立管位于厨房内敷设，为镀锌钢管。均为一根给水管进入居民楼。

1.4 水表现状

小区水表均位于用户厨房内。

2 改造方案

2.1 泵房改造

1. 水泵参数计算

本小区共一个水泵房，水泵房未改造过，本次改造依据《建筑给水排水设计标准》GB 50015—2009 对水泵参数进行复核计算，按《上海市居民住宅二次供水设施改造工程技术标准》（沪水务〔2014〕973 号）对水泵进行改造设计。

按《建筑给水排水设计标准》GB 50015—2009 要求，水泵的最大出水量不应小于最大时用水量。各参数取值如下：最高日生活用水定额 $q_\text{L}=$

230L/人·d，小时变化系数 $K_h = 2.3$；每户按 3.5 人计，不可预计水量取 10%。

2. 水泵改造

建议设计用水量仍维持原状；按原有参数进行更新，更新水泵参数为：$Q = 50 \text{ m}^3/\text{h}$，$H = 32\text{m}$，$N = 7.5\text{kW}$，一用一备。选用的水泵应满足有内防腐、耐腐蚀的产品，水泵叶轮及泵轴采用不锈钢材质；壳体内壁、叶轮、密封环等与饮用水接触的材质、内防护材料和表面涂料均不得影响水质。泵房内管道改造：生活给水管 > 100mm 采用衬塑钢管，沟槽连接；≤ 100mm 选用衬塑钢管，丝口连接，与阀门连接采用法兰连接。给水阀 < 100mm 采用铸铜闸阀。< 300mm 选用弹性软密封闸阀。透气阀，浮球阀、止回阀采用内防护铸铜阀门，进水阀改为遥控浮球阀，如附图 A-8 所示。

附图 A-8 改造后的水泵

3. 控制柜

对控制柜进行更新改造（附图 A-9），改造后的控制系统满足如下要求：

（1）控制应采用就地控制和自动化控制的方式，控制柜预留监控摄像、水泵控制、流量监控等远传端口。

（2）设备应有显示水泵运行状态的信号：水泵运行开停信号、电压、电流、进出水压力、故障报警（断电、水泵故障）。显示贮水池状态：水位、报警（超高水位、超低水位、溢流）。

附图 A-9　改造后的控制柜

（3）控制柜内应安装漏电保护开关。

4．水池

（1）校核水泵房水池容量。

按《建筑给水排水设计标准》GB 50015—2009 要求，建筑物内蓄水池的容量宜按建筑物最高日用水量 15％～20％确定，另外还需满足自来水公司要求的最大日用水量 30％～40％的要求。各参数取值如下：最高日生活用水定额 q_L＝230L/人·d，每户按 3.5 人计，不可预计水量取 10％。

（2）改造方案。

根据现状水泵房情况，水池的容积能够满足规范要求，故不需要扩建。

本泵房水池为钢筋混凝土水池，未改造过，故本次对原钢筋混凝土水池进行改造：在水池内壁内贴食品级瓷砖（或高密度聚乙烯 HDPE 板），铺设面为六面。水池进出水管采用 304 不锈钢管。水池的人孔及透气管仍按原水池设置，通气管应设置空气过滤装置，人孔需要有盖且为不锈钢材质，并且上锁。溢流管位置按原水池设置，溢流管管径应比进水管至少大一号，并且溢流管末端增设不锈钢防虫网罩。水池内爬梯采用不锈钢爬梯，如附图 A-10 所示。

附图 A-10　改造后的水池

2.2　水箱改造

小区供水为水泵水箱联合供水，每个单元屋顶均设有屋顶水箱。

根据《上海市居民住宅二次供水设施改造工程技术标准（修订）》文件关于二次供水设施改造标准要求：本次设计主要对小区共 15 个水箱进行内贴高密度聚乙烯 HDPE 板改造，改造方案如下：

（1）水箱内壁内衬食品级瓷砖或 3.0mm 厚高密度聚乙烯（HDPE）板，内壁铺设面为六面（顶底面＋4 个立面）。

（2）水箱内增加不锈钢爬梯，不锈钢爬梯与水箱内壁采用不锈钢膨胀螺栓连接。

（3）屋顶设避雷带防止直击雷，采用 40mm×4mm 热镀锌扁钢作为引下线与接地系统可靠连接，水箱爬梯、盖板等所有突出屋面的金属均需与避雷带可靠连接。

（4）水箱在平改坡坡体外时，斜坡上应设置不小于 800mm×800mm 的检修、养护人孔；屋顶平面至检修养护人孔间应设置固定（或移动）人梯。坡体外侧至屋顶水箱顶盖处，应设置平台通道，并安装安全围栏。裸露在坡体外侧的屋顶水箱部分，其周围应安装安全围栏，确保维护人员的人身安全。

2.3　立管改造

本次改造原则上仍维持现有的供水方式，1～2 层市政直供，3～6 层水箱供水。

本小区每个单元室外通过一根给水管向楼内居民供水，并在居民楼室外绿地内设置一个铜质阀门及配套阀门井。

废除原用户厨房内供水立管，在楼道重新敷设供水干管，将管材更换为PPR（S4系列）管，如附图 A-11 所示。

附图 A-11　改造后的楼宇管道

屋顶等高的多个水箱用出水管连通，并设置隔断阀，为了保证六层的用水不受其他楼层的影响，六层用户给水单独从屋顶水箱出水干管接入。

室外明露和住宅公共部位有可能冰冻的给水管需进行保温，保温材料采用橡塑保温（保温材料及保护层必须达到 B 级阻燃要求），室外保温层厚度不小于 50mm，室内保温层厚度不小于 16mm，外用 0.5mm 厚铝皮保护层。

给水管材：生活给水管立管采用聚丙烯（PPR）（S4 系列）管材、热熔连接，支管采用聚丙烯（PPR）（S4 系列）管材、热熔连接，过路管采用PE100（SDR11）管。

2.4　水表改造

原水表均位于用户厨房内，本次改造需将原户内水表拆除，将水表外移至公共楼道，每层住户水表箱及入户管均安装在各楼层公共部位，水表后支管均可就近与卫生间或厨房内给水管道接通。

水表箱原则上采用挂墙式，箱底距楼层层面不超过 1.4m，水表以及水表箱的选型均需满足楼宇住宅表箱图集中的相关要求。

附 3 长宁区虹桥向日葵小区

1 小区现状

小区门牌号为中山西路 669 弄 1~3 号。小区共有 3 幢住宅楼，总户数为 410 户，总建筑面积约为 45174m²。小区为十八、二十三、二十七层的高层住宅。小区供水方式为水泵－水箱联合供水，立管不符合要求。

1.1 泵房现状

1. 水泵

小区供水方式为水泵－水箱联合供水，每个高层地下室设有一个泵房，共 3 个泵房，泵房内水泵均为一用一备。所有水泵均非不锈钢水泵，现状锈蚀严重，管道有漏水等现象。

2. 控制柜

目前控制柜仅有水泵自动起泵控制模块，无水位状态显示、无流量监控、摄像监控的模块设施。

3. 水池现状

每个高层地下泵房内均设有一座钢筋混凝土水池，水池未改造过，有水池外扶梯。水池涂顶、封盖不符合要求，水池进出水管为钢塑复合管，水池内壁瓷砖为非食品级，水池顶为水泥涂抹，内爬梯锈蚀严重，建议更换。

1.2 屋顶水箱现状

本小区供水方式为水泵-水箱联合供水，每个屋顶设有一个约 50m³ 的钢筋混凝土水箱（其中 18m³ 为屋顶消防用水量），所有水箱未进行过改造。有水箱外扶梯。水箱封盖不符合要求，屋顶水箱进出水管为镀锌钢管，水箱内壁瓷砖为非食品级，水箱顶为水泥涂抹，内爬梯部分锈蚀，建议更换。

1.3 立管现状

本小区供水方式为水泵-水箱联合供水，立管管道材质为镀锌钢管，不符合要求。

1.4 水表现状

水表位于楼道，符合要求。

2 改造方案

2.1 泵房改造

1. 水泵

本小区每栋高层地下室均设有一座水泵房，共有 3 座水泵房，水泵房均未改造过，本次改造依据《建筑给水排水设计标准》GB 50015—2009 对水泵参数进行复核计算，按《上海市居民住宅二次供水设施改造工程技术标准》（沪水务〔2014〕973 号）对水泵进行改造设计。

按《建筑给水排水设计标准》GB 50015—2009 要求，水泵的最大出水量不应小于最大时用水量。各参数取值如下：最高日生活用水定额 q_L＝230L/人·d，小时变化系数 K_h＝2.3；每户按 3.5 人计，不可预计水量取 10%。改造后的水泵如附图 A-12 所示。各参数及改造方案见附表 A.1。

附图 A-12 改造后的水泵

水泵参数及改造方案   附表 A.1

小区地址	水泵房位置	供水服务户数	现状水泵参数及型号	参数复核计算	改造内容及方案
虹桥向日葵 1 号	地下室屋顶水箱供水泵	108	两台，一用一备，参数为 Q＝20m³/h，H＝67m，N＝5.5kW	按最大日最大时流量计算：Q＝2.3×108×3.5×0.23×1.1/24＝9.16m³/h；现状水泵参数大于规范要求的最大日最大时用水量，符合规范要求	其现状水泵配置流量大于设计计算流量。考虑到本小区屋顶水箱容积较大，按设计小时流量配泵将造成水泵工作时间较长，故建议设计用水量仍维持原状

小区地址	水泵房位置	供水服务户数	现状水泵参数及型号	参数复核计算	改造内容及方案
虹桥向日葵 2 号	地下室中间水箱供水泵	138	两台，一用一备，参数为 $Q=20\mathrm{m}^3/\mathrm{h}$，$H=82\mathrm{m}$，$N=11\mathrm{kW}$	按最大日最大时流量计算：$Q=2.3\times96\times3.5\times0.23\times1.1/24=11.71\mathrm{m}^3/\mathrm{h}$；现状水泵参数大于规范要求的最大日最大时水量，符合规范要求	其现状水泵配置流量大于设计计算流量。考虑到本小区屋顶水箱容积较大，按设计小时流量配泵将造成水泵工作时间较长，故建议设计用水量仍维持原状
虹桥向日葵 3 号	地下室中间水箱供水泵	164	两台，一用一备，参数为 $Q=30\mathrm{m}^3/\mathrm{h}$，$H=94\mathrm{m}$，$N=15\mathrm{kW}$	按最大日最大时流量计算：$Q=2.3\times96\times3.5\times0.23\times1.1/24=13.92\mathrm{m}^3/\mathrm{h}$；现状水泵参数大于规范要求的最大日最大时用水量，符合规范要求	其现状水泵配置流量大于设计计算流量。考虑到本小区屋顶水箱容积较大，按设计小时流量配泵将造成水泵工作时间较长，故建议设计用水量仍维持原状

2. 泵房

每幢楼地下泵房均按原有参数重新进行水泵的配置更新，更换水泵为不锈钢水泵，均为一用一备，增加生活给水泵（$Q=20\mathrm{m}^3/\mathrm{h}$，$H=67\mathrm{m}$，$N=5.5\mathrm{kW}$）2 套，生活给水泵（$Q=20\mathrm{m}^3/\mathrm{h}$，$H=82\mathrm{m}$，$N=11\mathrm{kW}$）2 套，生活给水泵（$Q=30\mathrm{m}^3/\mathrm{h}$，$H=94\mathrm{m}$，$N=15\mathrm{kW}$）2 套，各增加电接点压力表 3 个，$DN50$ 配用消声止回阀 2 只，$DN80$ 配用消声止回阀 2 只，$DN100$ 弹性软密封闸阀 5 个，$DN50$ 弹性软密封闸阀 5 个，$DN80$ Y 形过滤器 1 个，增设第二套紧急断水；同时各个水泵房增加一个电磁阀及一个倒流防止器，增设进出泵房阀门 $DN80$ 闸阀 2 个（共 6 个）；对钢塑复合管刷油漆。选用的水泵应满足有内防腐、耐腐蚀的产品，水泵叶轮及泵轴采用不锈钢材质；壳体内壁、叶轮、密封环等与饮用水接触的材质、内防护材料和表面涂料均不得影响水质。泵房内管道改造：生活给水管 ＞100mm 采用衬塑钢管，沟槽连接；≤100mm 选用衬塑钢管，螺纹连接，与阀门连接采用法兰连接。给水阀 ＜100mm 选用铸铜闸阀。＜300mm 选用弹性软密封闸阀。透气阀，浮球阀、止回阀采用内防护铸铜阀门，进水阀改为遥控浮球阀。

3. 控制柜

对控制柜进行更新改造。改造后的控制系统满足如下要求：

（1）控制应采用就地控制和自动化控制的方式，控制柜预留监控摄像、水泵控制、流量监控等远传端口。

（2）设备应有显示水泵运行状态信号：水泵运行开停信号、电压、电流、进出水压力、故障报警（断电、水泵故障）。显示贮水池状态：水位、报警（超高水位、超低水位、溢流）。

（3）控制柜内应安装漏电保护开关。

（4）水池水位到达低液位时报警并停泵。

4. 水池

水池改造：按《建筑给水排水设计标准》GB 50015—2009 要求，建筑物内蓄水池的容量宜按建筑物最高日用水量的 20%～25% 确定，另外还需满足水司要求的最大日用水量 30%～40% 的要求。各参数取值如下：最高日生活用水定额 $q_L = 230L/人·d$，每户按 3.5 人计，不可预计水量取 10%。

虹桥向日葵 1 号最大日用水量为 $Q_d = 108 \times 3.5 \times 0.23 \times 1.1 = 95.63m^3$（不可预计用水量取 10%）。

虹桥向日葵 1 号泵房的蓄水池容量满足：$V = 95.63 \times 0.30 = 28.69m^3$。

虹桥向日葵 2 号最大日用水量为 $Q_d = 138 \times 3.5 \times 0.23 \times 1.1 = 122.20m^3$（不可预计用水量取 10%）。

虹桥向日葵 2 号泵房的蓄水池容量满足：$V = 122.20 \times 0.30 = 36.66m^3$（按自来水公司要求蓄水池容积按最大日用水量的 30%～40% 取值）。

虹桥向日葵 3 号最大日用水量为 $Q_d = 164 \times 3.5 \times 0.23 \times 1.1 = 145.22m^3$（不可预计用水量取 10%）。

虹桥向日葵 3 号泵房的蓄水池容量满足：$V = 145.22 \times 0.30 = 43.57m^3$（按自来水公司要求蓄水池容积按最大日用水量的 30%～40% 取值）。

根据现状水泵房情况，水池的容积能够满足国家标准《建筑给水排水设计标准》GB 50015—2009 及水司的容量要求，故不需要扩建。

本小区泵房水池均为钢筋混凝土水池，未改造过，故本次对原钢筋混凝土水池进行改造：加装 DN80 遥控浮球阀 6 个，在水池内壁内贴高密度聚乙烯 HDPE 板，铺设面为六面。水池进出水管采用 PE 管。水池的人孔及透气管仍按原水池设置，通气管应设置空气过滤装置，人孔需要有盖且为不锈钢材质，并且上锁。溢流管位置按原水池设置，溢流管管径应比进水管至少大一号，并且溢流管末端增设不锈钢防虫网罩。水池内爬梯采用不锈钢爬梯，如附图 A-13 所示。

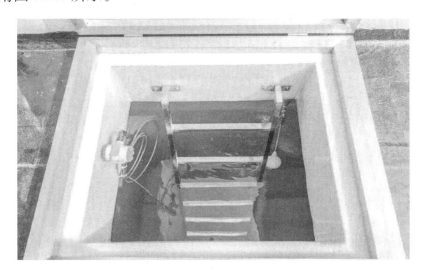

附图 A-13　PE 内衬水池改造

2.2　水箱改造

本次设计主要对小区共 3 个屋顶水箱进行内贴高密度聚乙烯 HDPE 板改造，改造方案如下：

（1）水箱内壁内衬 3.0mm 厚高密度聚乙烯（HDPE）板，内壁铺设面为六面（顶底面＋4 个立面）。

（2）水箱的进出水管，溢流管、排空管均使用 PE 管材，压力等级 1.6MPa。

（3）PE 管材出水池后与原有管材相连接。

2.3　立管改造

（1）废除公共楼道内原有供水立管，在公共楼道或管道井内重新敷设供水干管，立管材质更换为 DN80 钢塑复合管，加装自动排气阀。支管采用 PPR 管，对位于楼道或室外的立管及支管进行保温，并于立管顶端增设自动排气阀。

（2）室外明露和住宅公共部位有可能冰冻的给水管需进行保温，保温材料采用橡塑保温，室外保温厚度为 32mm，室外保温管道外设复合材料防护套管，耐火等级满足 B1 级；室内保温厚度为 16mm，外用耐火等级为 B1 级的玻璃布保护，如附图 A-14 所示。

（3）给水管材：生活给水管立管、过路管采用钢塑复合管道，≪DN80

附图 A-14　管道防冻保温包扎

采用丝扣连接，＞DN80 采用卡箍连接，支管采用聚丙烯（PPR）（S4 系列）管材、热熔连接。

2.4　水表改造

水表位于楼道，符合要求。

附4　长宁区江华高层大楼

1　小区现状

小区门牌号为江苏路 581 弄 1、2 号。小区共有 2 幢住宅楼，2 个门洞，总户数约 264 户，总建筑面积约为 32477.81m²。本小区 1 号楼为 13 层的高层住宅，2 号楼为 20 层高层商住两用建筑（其中 1～5 层为商铺及办公，6～15 层为住宅，16～19 层为宾馆，20 层为餐厅）。现状供水方式为：1 号楼 1～3 层市政直供，4～13 层水泵加水箱联合供水，地下一层设有独立的水泵房，均用于屋顶水箱供水；2 号楼 1～3 层市政直供，4～15 层水泵加中间水箱联合供水，16～20 层水泵加屋顶水箱联合供水，地下一层设有独立的水泵房，配有四台水泵，两台用于屋顶水箱补水，另两台用于中间水箱补水。

1.1 泵房现状

1.1.1 水泵

本小区为水泵-水箱联合供水；每栋楼地下均设有水泵房，江苏路581弄1号地下水泵房设有2台水泵，参数为 $Q=21m^3/h$，$H=58m$，$N=5.5kW$，该泵房水泵已经改造过，水泵为不锈钢水泵，但由于使用年限较久，目前均出现水泵叶轮锈蚀、水泵出水水压不稳等现象；江苏路581弄2号地下水泵房设有4台水泵，2台供屋顶水箱，2台供中间水箱，高区水泵参数为 $Q=30m^3/h$，$H=90.4m$，$N=11kW$，该泵房水泵已改造过，但由于使用年限较久，目前均出现水泵叶轮锈蚀、水泵出水水压不稳等现象。

1.1.2 控制柜

所有泵房控制方式均为手动/自动，供电电源数量为1路。目前控制柜仅有水泵自动起泵控制模块，无水位状态显示、无流量监控、摄像监控的模块设施。

1.1.3 水池

每个高层地下泵房内均设有一座钢筋混凝土水池，水池未改造过。

1.2 屋顶水箱现状

江苏路581弄1号楼供水方式为1~3层市政直供，4~13层屋顶水箱供水，屋顶设有一个约 $20m^3$ 的钢筋混凝土水箱；江苏路581弄2号楼高层供水分区采用中间水箱分区供水，屋顶设有一个约 $25m^3$ 的钢筋混凝土水箱，在14~15层设有一个约 $20m^3$ 的中间水箱，所有水箱未进行过改造。

1.3 立管现状

江苏路581弄1号供水方式为1~3层市政直供，4~13层屋顶水箱供水；江苏路581弄2号供水方式为1~3层市政直供，4~13层中间水箱供水，14~20层屋顶水箱供水。两幢楼除进水箱的总给水管在管道井外，其余用户给水立管均位于用户厨房内，生活给水立管及支管均为PPR给水管。

1.4 水表现状

所有水表均位于用户厨房内。

2 改造方案

本小区经物业及居民反映，2号楼由于采用中间水箱供水，造成中间水箱供水的顶部几层居民水压较低，且中间水箱由于历史原因造成水箱清洗不便，居民水质得不到保障，另外本次施工改造也较难进入；故经过与水司、物业、居民协商沟通，确定采用取消中间水箱的改造方案。具体改造方案为：本次改造 1 号楼维持现状供水方式不变，仍然采用 1～3 层市政直供，4～13 层水泵加水箱联合供水；2 号楼取消中间水箱，改用减压阀减压供水，即 1～3 层市政直供，4～15 层屋顶水箱-减压阀联合供水，16～20 层屋顶水箱直接供水，减压阀设置于 16 层楼梯间内，水泵房内取消供中间水箱的水泵，仅对供屋顶水箱的水泵进行更新改造。

由于本次改造 2 号楼需取消中间水箱及供中间水箱的一组水泵，故需对水泵及水箱的参数重新进行复核计算。

2.1 泵房改造

2.1.1 水泵参数计算

（1）1 号楼水泵房参数复核。

本次改造依据《建筑给水排水设计标准》GB 50015—2009 对水泵参数进行复核计算，按《上海市居民住宅二次供水设施改造工程技术标准》（沪水务〔2014〕973 号）对水泵进行改造设计。

按《建筑给水排水设计标准》GB 50015—2009 要求，水泵的最大出水量不应小于最大时用水量。各参数取值如下：最高日生活用水定额 q_L＝230L/人·d，小时变化系数 K_h＝2.3；每户按 3.5 人计，不可预计水量取 10%。

（2）2 号水泵房参数复核。

江苏路 581 弄 2 号楼水泵房取消中间水箱供水泵，采用减压阀供水方式。

本次改造按《建筑给水排水设计标准》GB 50015—2009 对水泵进行重新校核；要求水泵的最大出水量不应小于最大时用水量。各参数取值如下：

居民住宅最高日生活用水定额 q_L＝230L/人·d，小时变化系数 K_h＝2.3；每户按 3.5 人计，用水时数按 24h 计。

其他公共建筑的生活用水定额及小时变化系数按《建筑给排水设计标准》GB 50015—2009 表 3.1.10 取值如下：

商铺及办公最高日生活用水定额 q_L＝50L/人·d，小时变化系数 K_h＝1.5；用水时数按 10h 计。宾馆客房旅客最高日生活用水定额 q_L＝350L/人·d，员工最高日生活用水定额 q_L＝100L/人·d，小时变化系数 K_h＝2.5；每间按 2.5

人计，用水时数按 24h 计。餐厅最高日生活用水定额 $q_L = 25L/$人·d，小时变化系数 $K_h = 1.5$；用水时数按 16h 计。

江华高层 2 号楼，6～15 层有住户 160 户，16～19 层宾馆有 100 间客房、每天大约有 10 名员工在岗，4～5 层商铺及办公按 100 名员工考虑，20 层餐厅按每天 150 名顾客考虑。不可预计水量取 10%。

由以上数据计算得出，

住户小时用水量 $160 \times 3.5 \times 0.23/24 \times 2.3 = 12.34 \text{m}^3/\text{h}$

商铺及办公小时用水量 $100 \times 0.05/10 \times 1.5 = 0.75 \text{m}^3/\text{h}$

宾馆小时用水量 $(100 \times 2.5 \times 0.35 + 10 \times 0.1)/24 \times 2.5 = 9.22 \text{m}^3/\text{h}$

餐厅小时用水量 $150 \times 0.025/16 \times 1.5 = 0.35 \text{m}^3/\text{h}$

故水泵及水箱需满足的小时用水量为：$(12.34 + 0.75 + 9.22 + 0.35) \times 1.1 = 24.93 \text{m}^3/\text{h}$

现状供屋顶水箱的水泵参数为 $Q = 30 \text{m}^3/\text{h}$，$H = 90.4\text{m}$，$N = 11\text{kW}$。现状水泵参数大于规范要求的最大日最大时用水量，符合规范要求。故本次改造水泵按原有参数选用可满足要求，设一用一备两台水泵。

2.1.2 水泵房改造方案

每个泵房均按新计算参数重新进行水泵的配置更新，均为一用一备；同时各个水泵房增加一个电磁阀及一个倒流防止器。选用的水泵应满足有内防腐、耐腐蚀的产品，水泵叶轮及泵轴采用不锈钢材质；壳体内壁、叶轮、密封环等与饮用水接触的材质、内防护材料和表面涂料均不得影响水质。泵房内管道改造：生活给水管＞100mm 采用衬塑钢管，沟槽连接；≤100mm 选用衬塑钢管，螺纹连接，与阀门连接采用法兰连接。给水阀＜100mm 选用铸铜闸阀。＜300mm 选用弹性软密封闸阀。透气阀，浮球阀、止回阀采用内防护铸铜阀门，进水阀改为遥控浮球阀。

2.1.3 控制柜

改造后的控制系统满足如下要求：

(1) 控制应采用就地控制和自动化控制的方式，控制柜预留监控摄像、水泵控制、流量监控等的远传端口。

(2) 设备应有显示水泵运行状态信号：水泵运行开停信号、电压、电流、进出水压力、故障报警（断电、水泵故障）。显示贮水池状态：水位、报警（超高水位、超低水位、溢流）。

(3) 控制柜内应安装漏电保护开关。

（4）水池水位到达低液位时报警并停泵。

2.1.4 水池

按《建筑给水排水设计标准》GB 50015—2009 要求，建筑物内蓄水池的容量宜按建筑物最高日用水量的 20％～25％确定，另外还需满足自来水公司要求的最大日用水量 30％～40％的要求。各参数取值如下：最高日生活用水定额 $q_L=230L/人·d$，每户按 3.5 人计，不可预计水量取 10％。

江苏路 581 弄 1 号最大日用水量为 $Q_d=80×3.5×0.23×1.1=70.84m^3$（不可预计用水量取 10％）。

江苏路 581 弄 1 号泵房的蓄水池容量满足：$V=70.84×0.30=21.25m^3$。

江苏路 581 弄 2 号最大日用水量计算如下：

住户最大日用水量 $160×3.5×0.23=128.8m^3/d$

商铺及办公最大日用水量 $100×0.05=5m^3/d$

宾馆最大日用水量 $100×2.5×0.35+10×0.1=88.5m^3/d$

餐厅最大日用水量 $150×0.025=3.75m^3/d$

$Q_d=（128.8+5+88.5+3.75）×1.1=248.66m^3$（不可预计用水量取 10％）。

江苏路 581 弄 2 号泵房的蓄水池容量满足：$V=248.66×0.30=74.6m^3$；

根据水泵房现状，水池的容积能够满足国家标准及水司的容量要求，故不需要扩建。

附图 A-15 改造后的水池内部

本泵房水池为钢筋混凝土水池，未改造过，故本次对原钢筋混凝土水池进行改造：对水池内壁内贴高密度聚乙烯 HDPE 板，铺设面为六面。水池进出水管采用 PE 管。水池的人孔及透气管仍按原水池设置，通气管应设置空气过滤装置，人孔需要有盖且为不锈钢材质，并且上锁。溢流管位置按原水池设置，溢流管管径应比进水管至少大一号，并在溢流管末端增设不锈钢防虫网罩。水池内爬梯采用不锈钢爬梯，如附图 A-15 所示。

2.2 水箱改造

2.2.1 水箱容积复核计算

由于 2 号楼取消中间水箱，故需要复核高区水箱是否能满足要求，复核情况如下：

本次改造按《建筑给水排水设计标准》GB 50015—2009 对屋顶水箱容积进行重新校核；要求水箱的有效容积不宜小于最大用水时水量的 50%。

根据前面计算可知，江华高层 2 号楼水泵及水箱需满足的小时用水量为 24.93m³/h，即屋顶水箱的有效容积不得小于 12.46 m³。根据前期现场查勘得出，现状屋顶水箱尺寸为 4m×3.2m×2.2m，水箱的有效容积能够满足国家标准要求，故不需要扩建。

2.2.2 屋顶水箱改造

本次设计主要对小区共 2 个屋顶水箱进行内贴高密度聚乙烯 HDPE 板改造，改造方案如下：

（1）水箱内壁内衬 3.0mm 厚高密度聚乙烯（HDPE）板，内壁铺设面为六面（顶底面＋4 个立面）。

（2）水箱的进出水管，溢流管、排空管均使用 PE 管材，压力等级 1.6MPa。PE 管材出水池后与原有管材相连接。

2.3 立管改造

（1）江苏路 581 弄 1 号本次改造原则上维持现有的供水方式；江苏路 581 弄 2 号本次改造取消中间水箱，改用减压阀供水，改造后的供水方式为 1~3 层市政直供，4~13 层减压阀供水，14~20 层屋顶水箱供水。

废除用户内原有供水立管，在公共楼道或管道井内重新敷设供水干管，立管材质采用钢塑复合管，支管采用 PPR 管，对位于楼道或室外的立管及支管进行保温，并在立管顶端增设自动排气阀。

（2）室外明露和住宅公共部位有可能冰冻的给水管需进行保温，保温材料采用橡塑保温，室外保温厚度为 32mm，室外保温管道外设复合材料防护套管，耐火等级满足 B1 级；室内保温厚度为 16mm，外用耐火等级为 B1 级的玻璃布保护。

（3）给水管材：生活给水管立管、过路管采用钢塑复合管道，≤DN80 采用丝扣连接，＞DN80 采用卡箍连接，支管采用聚丙烯（PPR）（S4 系列）管材、热熔连接。

2.4 水表改造

原水表均位于用户厨房内，本次改造需将原户内水表拆除，将水表外移至公共楼道，每层住户水表箱及入户管均安装在各楼层公共部位，水表后支管均可就近与卫生间或厨房内给水管道接通。水表箱箱底距楼层层面不超过1.4m，水表以及水表箱的选型均需满足水司的相关要求，如附图 A-16 所示。

附图 A-16　改造后的水表箱

附5　金山区广宇大楼

1　小区现状

小区门牌号为金一东路 161 号。小区共有 1 幢住宅楼，1 个门洞，总户数约 128 户，总建筑面积约为 11004m²；大楼为 17 层的高层住宅。供水方式为水泵变频供水，其中低区 1～5 层市政直供，中区 6～11 层变频泵-减压阀供水，高区 12～17 层变频泵供水。立管及水表均位于厨房内。

1.1　泵房现状

1.1.1　水泵

本大楼在地下一层设有水泵房一座。经实地勘察，水泵房已年久失修，近些年出现水泵锈蚀，泵房内阀门及管道均出现严重腐蚀，造成水泵供水水压不稳及水泵阀门漏水等现象。泵房内现有一用一备两台水泵，水泵参数为

$Q=25m^3/h$，$H=76m$，$N=11kW$。

1.1.2 控制柜

所有泵房控制方式均为手动/自动，供电电源数量为 2 路。目前控制柜仅有水泵自动起泵控制模块，无水位状态显示、无流量监控、摄像监控的模块设施。

1.1.3 水池

原有两座不锈钢成品水池，老化严重，出现不同程度锈蚀、漏水现象。

1.2 屋顶水箱现状

无。

1.3 立管现状

大楼供水分为三个分区。低区 1～5 层市政直供，中区 6～11 层变频泵-减压阀供水，高区 12～17 层变频泵供水。原主立管已位于公共管道井内，支立管位于户内，均为 PPR 管。

1.4 水表现状

水表均位于户内。

2 改造方案

2.1 泵房改造

本大楼在地下一层设有水泵房一座。经实地勘察，水泵房已年久失修，近些年出现水泵锈蚀，泵房内阀门及管道均出现严重腐蚀；造成水泵供水水压不稳及水泵阀门漏水等现象。本次改造依据《建筑给水排水设计标准》GB 50015—2009 以及《上海市居民住宅二次供水设施改造工程技术标准》（沪水务〔2014〕973 号）对水泵进行改造设计；由于原有高层已经采用变频供水，故本次进一步与供水公司、街道、物业等进行沟通协商，针对小区现状，拟采用罐式无负压供水方式对原有泵房进行改造，如附图 A-17 所示。

2.1.1 水泵参数计算

本次改造按《建筑给水排水设计标准》GB 50015—2009 对水泵进行选型校核。

计算公式选用住宅生活给水秒流量计算公式：

（1）最大用水时卫生器具给水当量平均出流概率。

(a)　　　　　　　　　　　　　(b)

附图 A-17　二次供水泵房

(a) 改造前；(b) 改造后

$$U_0 = \frac{100q_{\mathrm{L}}mK_{\mathrm{h}}}{0.2 \cdot N_{\mathrm{g}} \cdot T \cdot 3600}(\%)$$

（2）计算管段上的卫生器具给水当量同时出流概率。

$$U = 100 \times \frac{1 + \alpha_{\mathrm{c}}(N_{\mathrm{g}} - 1)^{0.49}}{\sqrt{N_{\mathrm{g}}}}(\%)$$

（3）管段设计秒流量。

$$q_{\mathrm{g}} = 0.2 \cdot U \cdot N_{\mathrm{g}}$$

（4）扬程计算。

$$H_{\mathrm{b}} \geqslant 1.1(H_{\mathrm{y}} + H_{\mathrm{c}} + \Sigma h) - H_{\mathrm{o}}$$

各参数取值如下：最高日生活用水定额 $q_{\mathrm{L}} = 230 \mathrm{L/}$人 $\cdot$ d，小时变化系数 $K_{\mathrm{h}} = 2.3$；每户用水人数按 $m = 3.5$ 人，每户计算当量 $N_0 = 4.0$；用水时数 $T = 24\mathrm{h}$。水泵供水范围内总计算用户为 96 户，1～5 层市政直供范围内总计算用户为 32 户。最不利配水点与引入管的标高差 $H_{\mathrm{y}} = 52\mathrm{m}$，最不利配水点所需流出水头 $H_{\mathrm{c}} = 15\mathrm{m}$，泵房与最远建筑物间管线的水力损失（含沿程水头损失和局部水头损失）$\Sigma h = 5\mathrm{m}$，市政最小水压 $H_{\mathrm{o}} = 10\mathrm{m}$。

按设计秒流量计算结果为，$U_0 = 0.0268$，$\alpha_{\mathrm{c}} = 0.0166$，$U = 0.0667$，$H_{\mathrm{b}} \geqslant 69.2\mathrm{m}$，$Q_{泵房} = 5.121\mathrm{L/S} = 18.44\mathrm{m}^3/\mathrm{h}$，$Q_{市政} = 2.67\mathrm{L/s} = 9.6\mathrm{m}^3/\mathrm{h}$。

2.1.2　稳流补偿罐容积计算

根据《室外给水设计标准》GB 50013—2018 和《给水排水设计手册》等资料，在管网中为防止产生因水锤引起的破坏作用，供水管网的流速最高不宜超过 2.5m/s，不淤流速（即不会产生泥沙等沉淀的流速）应大于 0.7 m/s。目前在设计中，一般用控制每千米管段的水头损失值来选用经济流速，通常各城市所采用的经济流速 Ve 范围为：

$DN=80$mm 时，Ve 可选 $1.0\sim1.4$m/s；$DN=100$mm 时，Ve 可选 $1.2\sim1.6$m/s。

根据项目情况，进单个泵房来水管径为 $DN80$，故在最低服务压力 Ve 选 1.0m/s 情况下的供水总能力为 $Q_{min}=18.1$m³/h。

根据前面计算得出泵房＋直供区总流量：$Q_总 = Q_{泵房} + Q_{市政} = 28.04$m³/h。

稳流补偿罐容积计算公式为：

$$V_调 = (Q_总 - Q_{min}) \times \Delta T$$

式中　$V_调$——稳流补偿罐调蓄容积（m³）；

$Q_总$——设计流量（m³/h）；

Q_{min}——供水管网在最低服务压力时，所能供给的最大供水量（m³/h）；

ΔT——用水高峰持续时间，一般 ΔT 为 $5\sim15$min 。

故稳流补偿罐容积为 $V_调 = (Q_总 - Q_{min}) \times \Delta T = (28.04-18.1) \times 0.25 = 2.51$m³。

2.1.3　设备选型确定

无负压供水设备水泵按参数 $Q=24$m³/h，$H=77$m，$N=5.5$kW 选用，一用一备，并配套稳流补偿罐及气压罐。选用的无负压供水设备应满足有内防腐、耐腐蚀的产品，水泵叶轮及泵轴采用不锈钢材质；壳体内壁、叶轮、密封环等与饮用水接触的材质、内防护材料和表面涂料均不得影响水质。

2.1.4　泵房内管道改造

生活给水管＞100mm 采用衬塑钢管，沟槽连接；≤100mm 选用衬塑钢管，螺纹连接，与阀门连接采用法兰连接。给水阀＜100mm 选用铸铜闸阀，＜300mm 选用弹性软密封闸阀。透气阀，浮球阀、止回阀采用内防护铸铜阀门，进水阀采用遥控浮球阀。水泵房进水管上设置一个 Y 形过滤器及一个倒流防止器。进水管及水泵加压供水管如设于室外，采用 32mm 厚橡塑保温，外用高分子合金材料防护套管。

2.1.5　控制柜

改造后的控制系统满足如下要求：

（1）控制应采用就地控制和自动化控制的方式，控制柜预留监控摄像、水泵控制、流量监控等的远传端口。

（2）设备应有显示水泵运行状态信号：水泵运行开停信号、电压、电流、进出水压力、故障报警（断电、水泵故障）。显示贮水池状态：水位、报警（超高水位、超低水位、溢流）。

（3）控制柜内应安装漏电保护开关。

（4）水池水位到达低液位时报警并停泵。

2.1.6 接地要求

水泵及控制柜均需满足重复接地要求，对不满足接地要求的泵房，对水泵及控制柜增加接地保护，做法如下：

（1）水泵房内靠近总配电柜设置一个等电位联结端子箱，该端子箱需与水泵房内就近结构体内的钢筋采用－40×4热镀锌扁钢可靠联结。要求接地电阻不大于1Ω。如不满足，需增加一根－40×4热镀锌扁钢可靠联结至本建筑的基础联合接地装置或总等电位端子箱。

（2）水泵房内水泵等用电设备的金属外壳和底座，配电、控制柜等的金属框架、开启门和基础型钢，电气设备的传动装置，电流互感器的二次绕组，电缆的金属铠装层、PE线、穿越的钢导管、金属桥架及金属支架，金属水暖管等均应采用－25×4热镀锌扁钢与等电位联结端子箱可靠联结。

（3）施工时可参考国家标准图集《等电位联结安装 15D502》。

2.2 水箱改造

无。

2.3 立管改造

大楼室外通过三根给水管分别向楼内低区1～5层、中区6～11层、高区12～17层居民供水，并在居民楼室外绿地内每根给水管上设置一个DN50或DN80铜质闸阀及止回阀，闸阀及止回阀分别配套ϕ600阀门井。

拆除原有上水主立管，在原位重新敷设供水立管，管道材质采用钢塑复合管。各用户户内的原有支立管废除，于公共楼道内重新敷设供水立管，采用PPR管，并增设保温措施，同时增设一组减压阀供中区6～11层用户用水，如附图A-18所示。

室外明露和住宅公共部位有可能冰冻的给水管需进行保温，保温材料采用橡塑保温，室外保温厚度为32mm，室外保温管道外设复合材料防护套管，耐火等级满足B1级；室内保温厚度为16mm，外用复合防护套管保护。

附图 A-18　楼宇管道改造施工

给水管材：高层生活给水管立管采用钢塑复合管材、$DN\leqslant50$ 螺纹连接、$DN>50$ 卡箍连接，支管采用聚丙烯（PPR）（S4 系列）管材、热熔连接。

2.4　水表改造

原水表均位于用户厨房内，本次改造将原户内水表拆除，将水表外移至公共楼道水表箱内，以便日后水表维护保养。更换水表，采用普通机械不锈钢水表。水表及表前后管道增加保温，表前后均设置阀门，表前阀门采用铜质锁闭阀，表后阀门采用铜质闸阀。表前阀门及水表由自来水公司提供。每层住户水表箱及入户管均安装在各楼层公共部位，水表后支管均可就近与卫生间或厨房内给水管道接通，如附图 A-19 所示。

水表箱原则上采用嵌墙暗装式，箱底距楼层层面不超过 1.4m，水表以及水表箱的选型均需满足自来水公司的相关要求。

(a)　　　　　　　　　　　　(b)

附图 A-19　外挂水表箱

（a）改造前；（b）改造后

附6　崇明区玉屏新村小区

1　小区现状

小区改造范围内共有 56 个门洞，改造户数约为 700 户，总建筑面积约为 59103.72m²，小区竣工时间为 2000 年以前，该小区均采用市政-水箱供水，玉屏新村 18 号、19 号所含商业层不在本次改造范围内。

1.1　屋顶水箱现状

屋顶水箱均为钢筋混凝土水箱，部分水箱已出现严重裂缝。水箱进出水管为镀锌钢管，因使用年数较长，进出水管均有较大程度地锈蚀。

1.2　立管现状

立管均位于居民厨房间内，材质均为镀锌钢管，由于立管使用年限较长，部分立管已出现锈蚀。

1.3　水表现状

小区水表均为普通湿式水表。除玉屏新村 33 号、38 号、39 号、41 号楼水表在公共楼梯间外，小区其他楼号水表均位于居民厨房或卫生间内。

2　改造方案

2.1　立管改造

本次改造原则上仍维持现有的供水方式，市政-水箱联合供水。

本小区每个单元室外通过一根给水管向楼内居民供水，并在居民楼室外绿地内设置一铜质阀门及配套阀门井。

本次改造将废除原居民内供水立管，重新在公共楼道部位设置供水立管，立管管材选用 PPR（S4 系列）管，如附图 A-20 所示。

附图 A-20　改造后的室外管道（一）

位于屋顶等高处的多个水箱用出水管连通，并设置隔断阀，为了保证六层用水不受其他楼层的影响，保证供水压力，六层用户给水单独从屋顶水箱出水干管接入，并在立管最高处设置自动排气阀。

室外明露和住宅公共部位有可能冰冻的给水管需采取保温措施，保温材料采用橡塑保温，室外保温厚度为 32mm，室外保温管道外设复合材料防护套管保护。室内保温厚度为 16mm，外用复合材料防护套管保护。给水管材：生活给水管立管采用聚丙烯（PPR）管材、热熔连接，支管采用聚丙烯（PPR）（S4 系列）管材、热熔连接，过路管采用 PE100（SDR11）管，如附图 A-20、附图 A-21 所示。

2.2　水表改造

玉屏新村 33 号、38 号、39 号、41 号、42 号楼水表位于公共楼梯间，故无须移动水表位置。其他改造范围内的楼号水表位均位于居民厨房或卫生间内，本次改造需将原户内水表拆除，外移至公共区域。水表前后管道采取

附图 A-21　改造后的室外管道（二）

保温措施并在水表前增设阀门，以便日后水表维护与保养，每层住户水表箱及入户管均安装在各楼层公共部位，表后支管均可就近与卫生间或厨房内给水管道接通。水表箱原则上采用嵌墙式，箱底距楼层层面不超过 1.4m。

2.3　水箱改造

本小区原屋顶水箱为钢筋混凝土水箱，部分水箱已出现裂缝而停用。小区供水为市政—水箱联合供水，每个单元屋顶均设有屋顶水箱。根据《上海市居民住宅二次供水设施改造工程技术标准（修订）》文件关于二次供水设施改造标准要求：本次设计主要对小区共 56 个水箱进行内贴高密度聚乙烯HDPE 板改造，改造方案如下：

（1）水箱内壁铺设内衬 3.0mm 厚高密度聚乙烯（HDPE）板，内壁铺设面为六面（顶底面＋4 个立面）。

（2）水箱内外增加不锈钢爬梯，不锈钢爬梯与水箱内壁采用不锈钢膨胀螺栓连接。

（3）屋顶设避雷带防止直击雷，采用－40×4 热镀锌扁钢作为引下线与接地系统可靠连接，水箱爬梯、盖板等所有突出屋面的金属均需与避雷带可靠连接。

（4）水箱在平改坡坡体外时，斜坡上应设置不小于 800mm×800mm 的检修、养护人孔；坡顶内至斜坡检修、养护人孔应有固定扶梯；斜坡检修、养护人孔边口至水箱顶面距离不大于 600mm，水箱顶面相应位置设置安全绳挂扣；如无法做到，斜坡检修、养护人孔至水箱顶面间应设置固定通道平台，通道平台两侧或周围应安装安全围栏，确保养护人员通行。

（5）本次改造对有条件的水箱进水管及溢流管标高进行抬高，以增加水箱有效容积。

（6）屋顶水箱应带锁锁住。

（7）水箱的进出水管、溢流管、排空管均使用 PE 管材，压力等级 1.5MPa。

PE 管材出水池后与原有管材相连接。

（8）钢筋混凝土水箱或水池的内侧基面应符合下列要求：①破损、裂缝应进行修复；②除水垢，并应平整处理；③凹陷部分应做填平处理，凸起部分应铲平并平整处理；④严禁附着有藻类或苔藓等。

（9）聚乙烯内胆拼装时，聚乙烯片材应搭接拼装，搭接宽度不应小于 100mm，并应采取热风焊、超声波焊、拼塑焊。

聚乙烯内胆拼装时，不锈钢膨胀螺栓的设置应均布，并应符合下列要求：①内胆的转角部位应设置不锈钢膨胀螺栓，螺栓离转角的水平距离应为 150～200mm，间距不应大于 700mm；②衔接部位应设置不锈钢膨胀螺栓加固，并应设置于搭接部位的中部，间距不应大于 700mm；③箱底及箱底与箱壁的搭接部位，不锈钢膨胀螺栓间距不应大于 1000mm；④箱壁竖向及横向搭接部位，水位线以下不锈钢膨胀螺栓间距不应大于 1000mm；⑤箱顶搭接部位，不锈钢膨胀栓间距不应大于 700mm；⑥不锈钢膨胀螺栓安装后，其外露尾部应设置螺栓封盖，并应实施焊接密封处理。

内衬 PE 后底部应设置 $De25$ 的检漏排水口，检漏管口应低于箱底面，并应采用聚乙烯给水管，管径宜为 $De20$ 或 $De25$；法兰外周边与箱底壁的结合部位应采用聚硫密封胶作防水处理。屋顶水箱的管道保温按室外管道的防冻保温标准进行施工，保温材料采用橡塑保温，室外保温厚度为 32mm，室外保温管道外设复合材料防护套管。

附7   松江区鼎信公寓、方舟园四村

1   小区现状

1.1   鼎信公寓

鼎信公寓为高、多层混合小区，由 16 幢 2～3 层别墅，26 幢 5～6 层多层住宅和 4 幢 10～11 层小高层住宅组成，总建筑面积为 125200m²，共有居民用户 850 户。

原供水方式：

（1）别墅区为市政管网直供，采用室外埋地表计量；

（2）多层住宅区：设有两座泵房，原采用水池＋生活变频泵供水，现状水池已经废弃，生活泵直接从市政管网抽水，水泵锈蚀严重；立管位于户外并包裹在墙内，为 PVC 材质；水表位于公共楼道内。

（3）小高层住宅区：4 栋高层共有 8 个屋顶生活水箱，现已经弃用；小高层设置有一座生活泵房，原设计为水池＋工频水泵＋屋顶水箱联合供水；现状水池已经弃用，生活变频泵直接从市政管网抽水，水泵锈蚀严重；立管位于户外并包裹在墙内，为 PVC 材质；水表位于公共楼道内。

1.2   方舟园四村

方舟园四村为多层小区，建筑面积为 98386m²，共有居民用户 754 户。原始设计供水方式为 1～3 层直供，每单元设屋顶水箱供 4 层及以上用户用水，由于历史的原因现状已经变为全部采用市政直供，但高区居民普遍反映供水水压不足，严重影响居民用水舒适性；现状立管管材为镀锌钢管，立管位于户外并包裹在墙内，水表位于公共楼道内。

2   改造方案

2.1   鼎信公寓

（1）屋顶水箱改造：拆除已经弃用的屋顶生活水箱的管道附件。小区如设置屋顶消防水箱，则屋顶消防水箱维持现状。若该消防水箱由专用消防补水泵供水，则不在本次改造范围内。若该水箱补水由生活变频泵补水，则该水箱的补水管由最近的生活给水管进行补水，并在该管道上增设止回阀。保

证该水箱的进水管标高高于水箱溢流管 15cm。

（2）楼道公共部位管道改造：多、高层立管更换为 PPR 管，就近放于靠近水表箱的楼道公共部位。公共部位明露给水管采取保温、防冻措施。

（3）水表改造：目前水表箱已设于公共楼道，故不进行改造，仅进行除锈、刷漆处理。对老式水表更换为远传水表。

（4）水泵房改造：通过调研，小区引入处水压为 0.2～0.24MPa，完全能满足别墅直供要求，但对多层及高层采用直接抽市政管网供水不符合供水管理条例及供水企业的要求，故应进行改造。本次改造对多层及小高层水泵恢复水池水泵变频供水方式；对原水池进行清洗消毒，并重新铺设内衬食品级 PE 板。

水泵按各自供水范围按秒流量重新计算确定水泵参数。两个多层泵房，选用单泵参数为 $Q=48\mathrm{m}^3/\mathrm{h}$，$H=39\mathrm{m}$，$N=5.5\mathrm{kW}$，均采用两用一备；小高层水泵选用单泵参数为 $Q=36\mathrm{m}^3/\mathrm{h}$，$H=66\mathrm{m}$，$N=11\mathrm{kW}$。每台水泵均单独设置变频器，如附图 A-22 所示。

附图 A-22　改造后的水泵

（5）别墅区无须改造。

2.2　方舟园四村

（1）室内管道改造：废除原有立管，重新敷设供水立管，管材采用PPR给水管。

（2）增设室外集中泵站。

增设泵站时水箱容积的确定：

水箱容积采取两种方式比较确定，一是根据《建筑给水排水设计标准》GB 50015—2009计算理论水箱容积；二是按照松江水业公司提供的6月居民生活用水量推算出最高日用水量，水箱均取最高日用水量的20％；两者进行比较后，结合小区的实际情况进行取值。

小区户数为754户，最高日生活用水定额 q_L ＝180L／人·天，时变化系数2.8，每户人数3.5人；可得小区水池容积： V_1 ＝754×3.5×0.18×20％＝95m^3 。

根据松江水业公司提供的6月（最高月）的月用水量为9597m^3 ，日变化系数取1.2，可得小区水池容积 V_2 ＝1.2×20％×（9597/30）＝76.78m^3 。

由于小区面积较大，有空地可以放置室外集中泵站，故水池容积取用95m^3 。

秒流量的计算，小区总的当量数：754×4.0＝3016， U_0 ＝0.0225， a_c ＝0.0156， U ＝0.0326，经计算总的设计秒流量 q_g ＝19.648L/s＝70.7m^3/h。水泵选择，单泵参数 Q ＝40m^3/h， H ＝40m， P ＝7.5kW，每台泵单独设置变频器，两用一备。

泵站采用室外箱式一体化泵站，材质为304不锈钢；泵站周圈设格栅护栏防护，并在泵站旁边设置监控探头，如附图A-23所示。

2.3　其他优化措施

优化供水运行模式降低水龄、节能增效：

（1）增设二次供水水箱电控阀门以及时控开关自控措施。

（2）水箱进水采用高低液位控制，以减少水箱中水的停留时间，确保水质安全。

（3）泵房内安装在线监测、隔声降噪减振、排水防淹、防潮通风、安防等系统，全面监测水质状况，确保水质安全。

（4）泵组及主控柜均增设PLC模块，通过优化的泵房运行逻辑，具备远程操作功能，切实保障设备的运行效率，提高设备供水安全性。

附图 A-23　改造后的水泵

3　目标

上海市松江自来水有限公司深入贯彻落实"人民城市人民建，人民城市为人民"的重要理念，优化二次供水改造小区的供水运行模式，选用高品质供水材质，通过智能运行及 24h 在线监测设备，为安全优质供水提供有力保障，最终达到提高居民生活品质，实现"让城市生活更美好"的愿景，为松江城市建设和社会发展、不断提升人民群众的获得感和满意度提供坚强的供水服务综合保障。

附8　黄浦区示范小区简介

1　背景

以"让城市生活更美好"为愿景，以"国内领先、国际一流"为战略目标，城投水务积极探索从龙头到源头的全产业链智慧供水模式。在此背景下，供水分公司选取了春江小区（中山南一路 1048 弄、1050 号）和龙华小区（中山南一路 1012 弄）两个小区作为供水智慧化试点样板小区。

2 试点小区实施概况

2.1 试点小区现状

春江小区为高、多层混合小区，建筑面积为 19994m²，共有居民用户 384 户。原供水方式为水箱联合水泵工频供水，高、多层泵房合用，水泵均为一用一备。管道：多层楼宇管道材质为 PPR，高层楼宇管道材质为衬塑管。水箱（池）材质均为钢筋混凝土材质，内衬水泥贴瓷砖。高层屋顶水箱为生消合用水箱；多层均为生活用水箱。

龙华为多层小区，建筑面积为 16580m²，共有居民用户 389 户。原供水方式为水箱联合泵房工频供水，供水泵为一用一备，水池内贴瓷砖。管道：材质为 PPR 管。水箱：内衬均为水泥贴瓷砖。

2.2 优化方案

材质提升确保水质安全：楼宇管道、小区泵房水池及管材均采用不锈钢材质；进水管及出水管上均增设水质采样龙头。

优化供水运行模式降低水龄、节能增效：

（1）采用水池水箱联合错峰补水，增设二次供水水池电控阀门以及时控开关自控措施，有效降低水龄。

（2）泵房内安装在线监测、隔声降噪减振、排水防淹、防潮通风、安防等系统，全面监测水质状况，确保水质安全。

（3）泵组及主控柜均增设 PLC 模块，通过优化的泵房运行逻辑，切实保障设备的运行效率，提高设备供水安全性。

3 目标

通过优化老旧小区的二次供水运行模式，选用高品质供水材质，运用在线监测设备，通过智能运行，达到真正意义上的无人值守。有效降低水龄，保障水质，最终达到提高居民生活品质，实现"让城市生活更美好"的愿景。

附录B 管养实例

附1 文件解释

上海市静安区普善路 958 弄 2~26 号（锦沧公寓），属共和新路街道锦佳苑居委会管辖，现由自治管理小组（不同于业委会，无法动用维修资金）委托上海沸顺物业管理有限公司进行管理。锦沧公寓是 1997 年建成的商品房，建筑面积约 3 万 m²，户主 346 户。6 层建筑 6 幢、8 层建筑 1 幢，25 个门牌号。屋顶水箱 25 只，泵房（包括水池）1 座，DN15 水表为户类表。1~2 层市政压力供水，3 层以上水箱供水。每日启动水泵 1 次，约 1h。

反映人倪先生为自治管理小组组长。其反映楼宇管道锈蚀情况属实，部分楼宇管道渗漏和爆裂的情况都已有物业公司进行了修理（夹箍处理）。为了避免管道爆裂造成住户财产再次受损，居民对楼宇管道进行更换要求比较强烈。

倪先生已多次行文有关部门要求对楼宇管道进行更换，并知晓上级部门就由谁出资进行更换的问题正在协调中。在电话了解过程中，其没有进一步详谈。

从物业处了解到该小区没有维修专项资金。

处理此类问题需掌握的要点：

(1)《中华人民共和国物权法》（2007 年 10 月 1 日起施行）有关规定：

① 第七十三条规定"建筑区划内的其他公共场所、公用设施和物业服务用房，属于业主共有。"明确了建筑区划内的公用设施属于业主共有。

② 第七十九条规定"建筑物及其附属设施的维修资金，属于业主共有。经业主共同决定，可以用于电梯、水箱等共有部分的维修。"明确了维修资金用于水箱等共有部分的维修。

③ 第八十一条规定"业主可以自行管理建筑物及其附属设施，也可以委托物业服务企业或者其他管理人管理。"明确了物业管理的方法。

④ 第八十二条规定"物业服务企业或者其他管理人根据业主的委托管

理建筑区划内的建筑物及其附属设施，并接受业主的监督。"明确了业主自行管理以外，实行委托管理。

⑤《中华人民共和国物权法》司法解释自 2009 年 10 月 1 日起施行。其第三条解释为："建筑区划内的以下部分，也应当认定为物权法第六章所称的共有部分：建筑物的基础、承重结构、外墙、屋顶等基本结构部分，通道、楼梯、大堂等公共通行部分，消防、公共照明等附属设施、设备，避难层、设备层或者设备间等结构部分。"明确了建筑区划内的设备层（地下泵房）或者设备间（泵房、水箱房）属于业主共有部分。

（2）《中华人民共和国合同法》（1999 年 10 月 1 日起施行）有关规定：

① 第一百七十八条 供用电合同的履行地点，按照当事人约定；当事人没有约定或者约定不明确的，供电设施的产权分界处为履行地点。

② 第一百八十四条 供用水、供用气、供用热力合同，参照供用电合同的有关规定。

明确了供水企业按照供水设施产权的归属履行合同要约。

（3）《国务院关于修改〈物业管理条例〉的决定》（2007 年 10 月 1 日起施行）有关规定：

① 第二十七条 业主依法享有的物业共用部位、共用设施设备的所有权或者使用权，建设单位不得擅自处分。明确了建筑区划内的公用设施属于业主共有。

② 第三十二条 从事物业管理活动的企业应当具有独立的法人资格。第三十三条 从事物业管理的人员应当按照国家有关规定，取得职业资格证书。明确了物业公司是专业服务单位。

③ 第三十五条 业主委员会应当与业主大会选聘的物业服务企业订立书面的物业服务合同。明确了物业通过签订合同的方式实行委托管理。

④ 第三十六条 物业服务企业应当按照物业服务合同的约定，提供相应的服务。明确了物业公司按合同约定提供相应的服务。

⑤ 第五十二条 供水、供电、供气、供热、通信、有线电视等单位，应当依法承担物业管理区域内相关管线和设施设备维修、养护的责任。

阐述了依照《物权法》属供水单位产权的管线和设施设备维修、养护的责任由供水单位承担。

（4）《上海市住宅物业管理规定》有关规定：

① 第五十四条规定"供水、供电、供气等专业单位应当承担分户计量

表和分户计量表前管线、设施设备的维修养护责任"。其中就"专业单位"目前没有明确的司法解释。供水行政管理部分解释为"54 条规定"里说的"供水、供电、供气等专业单位"里的单位，应该包括物业公司，物业公司也是负责水管维修的专业单位，只不过是在小区内而已"（摘自 2011 年 5 月 13 日青年报）。

② 第四十三条第二款规定"物业服务企业应当建立和保存小区监控系统、电梯、水泵、电子防盗门等共用设施设备档案及其运行、维修、养护记录。"从中反映了物业公司对水泵等共用设施设备的运行、维修、养护职责。

③ 第六十六条规定"发生电梯、水泵故障"影响正常使用的下列紧急情况时，"物业服务企业应当立即采取应急防范措施"及"在专项维修资金中列支"。再次明确了共用设施设备故障时，物业服务企业应急防范处置职责和费用保证。

④ 第六十六条同时规定"未按规定实施维修和更新、改造的，区房屋行政管理部门可以组织代为维修，维修费用在专项维修资金中列支。"明确了房屋行政管理部门进行监管和代办职责。

（5）《关于继续推进本市中心城区居民住宅二次供水设施改造和理顺管理体制工作实施意见的通知》（沪府办〔2014〕53 号）中明确了各方职责分工：市住房保障房屋管理局负责配合推进二次供水设施改造和移交接管工作。提供需改造的住宅小区清单，对实施旧住房综合改造的小区优先安排二次供水设施改造计划，做好具体协调推进工作。同时，指导相关区做好居民意见征询、设施移交等工作，督促物业服务企业做好移交前的二次供水设施运行维护。市城投集团负责做好项目的具体实施和全面统一接管养护等工作。参与年度改造计划的编制、二次供水设施改造方案的审定、施工监管、工程验收和二次供水设施改造时水表工程的实施。

附 2　防 冻 包 扎

2016 年 1 月下旬，我国华东地区经历一次寒潮袭击。受此"超级寒潮"影响，上海市区供水报修量飞增，"市民、城建、水务、房修、供水"等热线均出现不同程度的电话难以打通的情况。在水务、物业员工及社会力量夜以继日的抢修下，至 1 月 31 日居民供水已趋向正常，至 2 月 5 日供水报修基本解决。而在此次寒潮中，一些小区由于已进行二次供水设施改造，且防冻包扎到位，未发生爆管现象。附图 B-1 为以铝箔反射膜、UPVC 管对供水管道进行包扎。

附图 B-1　屋顶水箱防冻保温包扎

附录C 维 修 实 例

附1 无 水 抢 修

2011年3月10日20：31斜桥小区26号602室用户来电反映：4～6楼居民无水。值班抢修人员21：20赶到现场后致电热线人员，通知抢修人员已经到位，随后进入泵房检查。经查水箱水位为0.71m（该处水泵为定时启动），由于正常情况下该水箱水位一般是在0.8m以上，因此值班抢修认为在设定的21：00自动开启时间点上水泵没有运行，便手动开启1号水泵对水箱补水约15min，待水箱水位达到0.82m后关闭水泵。随即值班抢修人员联系报告居民，居民反映家中已有水；抢修人员准备到26号检查屋顶水箱时由于天色已晚，居民不愿协助打开楼道防盗门，故只能待次日上午再检查。回到泵房后，值班抢修人员将开关调至"自动"状态，两次测试时控开关水泵均能自动启闭，于是回复热线人员斜桥小区26号已正常供水并于22：20左右离开现场。

3月11日7：54小区26号707室用户来电反映：从昨天开始无水。抢修人员会同原上水市南二次供水管理所相关人员于8：20赶到现场，8：30值班抢修人员也自行到达现场。经检查，26号屋顶水箱浮球阀开关不灵活且浮球过轻，造成水箱进水太小、水箱补不满，是本次断水的原因，9：00恢复正常供水。

经分析，在这起事件的处理中存在四点问题：

1. 对故障的原因分析判断错误。值班抢修人员在接报直至到达现场的过程中，没有再接到热线关于其他门牌无水报修的信息，因此在处理上不应该将其作为整个小区无水的情况处理，到现场不应该先去泵房；后来值班抢修人员在现场总共运行水泵不足30min水泵即自动停止运行，这也从侧面印证了不是整个小区无水（如果是因水泵不启动造成的断水，这点时间根本不可能补满所有10只水箱），但是值班抢修人员对此没有注意。如果当晚现场能多手动运行水泵半小时就不会发生次日的再次报修。

2. 没有及时联系居民了解情况。值班抢修人员到达现场时已很晚，没有在第一时间联系居民的结果是没机会修正误判（根据远程监测显示，现场水泵于 21：04～21：14 运行过，因此值班抢修到场时 26 号应该已经有水），二是等检查完泵房后再联系居民可能得不到其配合（基本都已睡觉）。

3. 值班抢修到场后仅凭水箱水位与平时不同就做出"水泵没有自动运行"的判断太轻率武断，此时还应该测试时控开关，验证所做判断是否正确。

4. 值班抢修人员虽然意识到故障可能没有解决，并于次日上午直接到现场再次检查，但是到现场的时间太晚，如果在 6：30 前到场会更好。

另外，建议抢修人员在回复热线时，对现场已恢复但无法确定故障原因的情况应明确说明，避免热线人员作销单处理而影响一次报修解决率考核指标的完成。

附 2 泵 房 维 修

一、安全操作

2012 年 8 月 20 日新闻媒体报道：延吉中路 25 弄小区物业的一名水电工尸体被发现在某栋居民楼的水箱内。经了解小区物业水电工郭师傅在泵房巡检中发现控制柜设备故障灯亮，逐一排摸故障至 8 号屋顶水箱，脱掉外衣进入水箱，对箱内干簧管进行检查（干簧管使用 220V 电源）。20 日 11：45 左右，发现尸体，右手拇指和食指有明显电击痕迹。公安部门开具的死亡证明上标注为带电操作，溺亡。

以此事件为戒，要求在二次供水工作中采取有效措施，杜绝此类安全事故的发生，做到业务、操作、设备"三安全"：

业务流程安全：按照供水分公司业务流程要求，凭单操作。

操作规范安全：持证上岗，巡检、操作需两人，检修需两人以上，其中一人需具备电工操作证。箱内设备需排空水后进行检修，清洗消毒后通水。

设备本质安全：二次供水设施要求"双人双锁"，其意思是一人持一把锁的钥匙，两个人同时到场才可以开锁进入设施。潮湿环境中用电设备应使用安全电压。高层水箱改造中干簧管应使用 24V 电压，地下室水池加装

12V 的高液位干簧管（接线部分）完全可以安装在箱体外，管子伸入到箱体内，检修工作在水箱外就可以完成。应安装防溢水断水装置并具备报警功能。设备安装应多考虑今后检修的便捷及安全。事件中的干簧管（接线部分）完全可以安装在箱体外，管子伸入到箱体内，检修工作在水箱外就可以完成。

二、故障维修

2010 年 8 月 12 日 18：42 用户来电反映：思南小区 115 弄 4 号 1～2 楼外面斜管每到 18：30 左右开泵时会有漏水现象。抢修人员于 19：20 赶到现场，仔细查看却没有发现漏水现象。联系用户时其已外出，其家人指认疑似漏点为楼道内一根 De63 的 PPR 管道上的活接连接口，但未发现漏水，故抢修回复热线做无漏销单。此后两天对现场的多次巡检中也均未发现漏水情况。

8 月 18 日 18：30 该用户再次来电反映：现在有漏水，已绑丝带做记号。抢修人员于 18：50 赶到现场，虽未在管道和活接连接口上发现漏水，但地上有积水，于是抢修立即对活接进行拧紧处理，然后回复热线人员明天跟踪。

8 月 19 日抢修人员于 17：00 前到达现场，观察到 18：00 左右，水泵停止运行的瞬间活接处出现漏水现象。拆开活接后发现由于外力影响，两根管道的中心存在较大偏差，且活接内的密封橡胶圈已经变形；经过对管道进行校平加固并更换活接，漏水问题被彻底解决。

经过分析，在这起事件的处理中存在三点问题：

1. 用户来电报修中已着重指出漏水现象是在下午 18：30 左右开泵时发生，但在开始的多次现场查看中相关人员均未按此事件节点进行蹲点检查。

2. 抢修人员对活络接头的特性缺乏足够认识（活接的密封处会随着管道的振动发生间歇性的渗漏）。

3. 在发现现场与用户报修情况明显不符时，没有认真联系用户进行情况核实就轻率做销单无漏处理。

本案例中的漏水情况有其特殊性：漏点在市政供水压力下不漏水；当水泵开启向水箱补水时，由于水箱泄水口的存在，漏点也没有水漏出。只有当水箱补满时，此时管道压力也达到了最高，水才会从漏点漏出；但在管道压力降低后漏点又会停止漏水。这类情况在二次供水中具有普遍性，因此需要引起我们的重视。

今后在处理用户的报修时，我们不仅要重视用户提供的信息，同时在处理上需要仔细、耐心，在现场情况与报修不符时切忌轻易地做销单误报处理。

附3　水箱（池）

2016 年 4 月 7 日，虹口供水管理所按照水箱清洗计划对曲阳路 620、640、650 号水箱进行清洗工作。清洗工作前，管理所根据二次供水管理部审核通过的清洗计划，提前 3d 在供水热线公告栏上发布计划性停水通知，同时由水箱清洗实施单位在小区的告示栏和每幢居民楼前张贴停水通知，告知停水时间和原因，并告知物业和业委会，如附图 C-1 所示。

附图 C-1　停水通知示例

人员要求：清洗消毒人员应配四证一卡，即身份证、居住证、健康证、上岗证和信息卡，其中上岗证包含高空作业证、有限空间证。清洗消毒人员每年必须进行一次培训，培训内容包括二次供水基本知识、水箱构造、清洗方式、消毒步骤、操作时安全防护与注意事项等，培训合格后上岗。

安全要求：①水箱（池）清洗时应按照操作规范流程进行；选购消毒剂应在公司目录内采购，并同时要求其具备厂方和集团公司的化验合格证；清洗消毒水箱（池）至少要有 2 人一组且佩戴保险带上屋顶作业。②在水箱

（池）内作业时，光源需采用 36V 以下的安全电压，最好用手电筒或应急灯。③潜水泵应装漏电开关，漏电开关应在使用前测试好坏，并在使用中确认开启。④水箱（池）消毒人员需配戴防护眼镜和口罩，如在水箱（池）内工作时感到头晕气喘，应立即离开，并到外面呼吸新鲜空气。

操作规范：按照水箱（池）清洗消毒操作规范，清洗单位到达现场后，应先清洗水池再清洗水箱，如附图 C-2 所示。清洗前应先观察周边环境和排水情况，待水箱（池）放空后，对水箱（池）内壁和内部部件进行检查，发现故障先行维修后再进行清洗消毒。清洗时，清水冲（刷）洗一遍，消毒处理两遍，消毒产品按照配置比例要求进行稀释。清洗消毒工作全部结束后，打开闸阀向水池（箱）内注水（水池需打开泵前进水阀门再打开水泵放气阀，放尽空气后关闭此阀门），水箱出水阀门应缓慢开启，必要时应上门询问和服务，防止水管内空气影响居民正常用水，达到标准水位后加盖上锁。水质经现场检测（四项指标）合格后可预通水。水质经第三方检测机构检测（八项指标）合格后可正式通水。

附图 C-2　清洗消毒现场记录

附录 D 信 访 案 例

附 1 信 访 处 置

2010年1月24日市人大代表反映"虹口灵峰公寓的二次供水维修费用"需进行协调处理。

经了解虹口区灵峰公寓（新市路86号），属广中街道商洛居委会管辖，由上海灵吉物业管理有限公司进行管理。1998年建成，13588m²。1~3层为商业用房，目前为健身俱乐部；4~18层为商品住宅，每层7户，共105户居民。该公寓二次供水设施有地下生活泵房1座，生活泵2台；40t地下水池1座；60t屋顶水箱1只；9层设置减压阀1组。该公寓消防及二次供水设施陈旧，急需改造，但费用不足，要求相关部门补足费用，落实改造。

原上水市北二次供水管理所以《上海市人民政府办公厅关于印发〈区级政府"十三五"节能降碳考核体系实施方案〉的通知》（沪府办发〔2007〕69号）文件为依据，向居委会顾书记介绍有关内容，并得到其的理解。"①商品住宅的二次供水改造费用，由业主承担并在住宅维修资金中列支。②商品住宅由业委会组织，业主大会决定是否进行二次供水改造。如改造，由业委会负责项目立项、工程招标、施工队伍选择、施工质量监督和资金管理等。也可委托区房地局实施改造。③供水企业提供技术支撑，为居民服务。"

此案例处置时引用政府文件恰当，明确政府及企业在二次供水改造中的不同作用，改造流程解释清晰，同时表明了供水企业的态度。

附 2 管 道 走 向

2016年4月19日，杨泰三村112号403室居民投诉，反映野蛮施工，破坏防盗窗和纱窗的问题。接到中心热线接报处理单后，公司负责"三来"

（来电、来信、来访）处理人员，第一时间联系宝山区杨泰三村负责现场的施工员，询问该投诉是否属实。施工员与具体施工队交涉之后，了解到居民实际诉求是管道走向问题，认为管道不应该从自己家门口上方入户，并在与施工队交涉中情绪处于亢奋状态。施工员赶赴现场勘察，认为施工队施工并没有违反原先设计规定，并且居民私自将公共部位划为私用本身存在问题。施工员没有采用强行要求居民拆除、直接与居民发生冲突等硬性手段，而是与施工队商量，在不抵触居民的情况下，另辟蹊径，将管道送入该居民家。经过努力，在征得 402 室用户同意的情况下，从 402 室下方将管道敷设进该用户家中。"三来"人员也在事后对 403 室用户进行了回访，该用户情绪稳定，对更改后的管路走向表示认可。

附 3　水　表　位　置

2016 年 3 月 31 日，澳门路 698 弄 8 号 201 室居民市民热线投诉，反映水表箱位置影响通行，要求将水表移回室内的问题。接到中心热线接报处理单后，公司负责"三来"人员第一时间联系普陀区负责澳门路的现场施工员。施工员联系用户后上门核实认为，管道走向合理，水表箱安放位置也在规定的 1.4m 以下，并无任何不妥，且同样施工的其他楼内，并无居民对管路敷设进行投诉。于是，施工员作了相关解释工作。4 月 4 日，该居民又投诉同样问题，此次施工员联系后，居民提出水表不内移，可否将表箱位置提高。施工员又耐心向居民解释，试图说服居民水表箱位置不能超过 1.4m。但该居民仍然坚持，不解决就继续投诉。施工员将此情况向中心负责人反映后，采用人性化方式，等工程竣工以后，对水表箱位置再稍做改进，同时留下了联系方式，方便居民及时与施工人员联系。事后，"三来"人员对该居民回访时，居民表示认可。

附录 E 样 表

附 1 年泵房设备（施）日常保养检查表

泵房地址＿＿＿＿ 小区名称＿＿＿＿ 行政区＿＿＿＿ 所属管线所＿＿＿＿ 所属站点＿＿＿＿ 保养单位＿＿＿＿

名称	保养项目	保养周期	保养内容	保养时间 第1季度	签名	保养时间 第2季度	签名	保养时间 第3季度	签名	保养时间 第4季度	签名	备注
泵房设备	水泵（与电动机同步）	一季1次	清除外壳污垢，检查外壳完整									
			检查渗透情况									
			机组振动及声响是否有异常									
			外露部件防锈									
	电动机（与水泵同步）	一季1次	清除外壳污垢，检查外壳完整									
			检查各部件温度及振动是否有异常									
			检查引出线端院伤程度									
			测量绝缘电阻不小于 0.5MΩ									
			清理通风系统									
			检测外壳接地是否良好									
	电控柜（与水泵机组同步）	一季1次	检查柜体是否密闭完整									
			柜内及元部件清灰处理									
			检查主要元器件过热情况									
			测量柜内及元部件绝缘电阻									
			检测外壳接地是否良好									
			检查变频器冷却风道									

续表

名称	保养项目	保养周期	保养内容	保养时间 第1季度	签名	保养时间 第2季度	签名	保养时间 第3季度	签名	保养时间 第4季度	签名	备注
泵房设备	各类阀门	一季1次	操作长期开（闭）阀门一次（含电动）									
			调整漏水部件									
			防锈									
	各类管道及附件	一季1次	检查渗漏情况									
			防锈									
			加固支（托）架									
	电动机与整控柜之间电源线	一季1次	绝缘电阻不小于0.5MΩ									
	机组基础	一季1次	检查牢固程度									
			检查避振器（垫）避振效果									
			防锈									
	测量仪表	一季1次	检测性能									
	油漆修补	一季1次	防腐处理									
	防冻包扎	一季1次	检查是否安装牢固、结构完整									
	外部情况	一季1次	检修壳体是否渗漏、开裂									
	附属设备	一季1次	检修性操作长期开（闭）阀门一次									
			管道渗漏情况									
			检查各类阀门、支托架、管卡牢固情况									
泵房水池		一季1次	检查是否安装牢固、结构完整									
	油漆修补	一季1次	防腐处理									
	防冻包扎	一季1次	检查是否安装牢固、结构完整									
	液位控制装置及其他测量仪	一季1次	检测性能									

注：保养检查需按规定周期进行，检查合格则打钩"√"，检查人签字确定；检查有问题的则在"备注"中说明并报相关部门；
水池清洗消毒及内部设备检查另行执行。

附 2 水箱（池）、楼宇管道定期检查明细表（全年）

填报单位：

序号	行政区	小区地址	面积	楼宇管道								水箱				水池				检查情况	备注
				一季度		二季度		三季度		四季度		上半年		下半年		上半年		下半年			
				日期	检查人	日期	检查人	日期	检查人	日期	检查人	日期	检查人	日期	检查人	日期	检查人	日期	检查人		

负责人：　　　　　　填报人：　　　　　　填报日期：

注：楼宇管道每季度检查一次；水箱（池）每半年检查一次。

附 3　接管小区水箱（池）尺寸复核表

清洗地址：

编号：

序号	具体地址	类别	位置	屋面式样	上屋顶人孔	长 (m)	宽 (m)	净高 (m)	液高 (m)	容积 (t)	体积 (m³)	数量 (只)	内壁材质	是否改造	是否用	供水方式是否改变	施工单位	备注

填报单位（盖章）：

单位负责人：　　　部门负责人：　　　编制人：　　　编制日期：

注：1. 所测的各类尺寸，均为水池水箱内部尺寸。
　　2. 液高为水箱内底面到溢流口下沿的直线距离。
　　3. 长×宽×液高=容积　容积吨位数取整数，四舍五入；长×宽×净高=体积　体积数取整数，四舍五入。
　　4. 内壁材质主要有瓷砖、不锈钢、HDPE、其他。若内壁材质为不锈钢或HDPE，则在备注中注明是内衬的还是整体的。

131

附 4 住宅小区二次供水水箱（池）清洗档案卡

所属供水管理所　　　　　所属站点　　　　　所属小区：　　　　　　　　　　编号

所在位置：		出入口位置：_____号	层数：_____层	接管编号：
容量：t	材质：	类型：屋顶（）中间（）蓄水池（）	锁：有（）无（）	建造年份：
			网罩：有（）无（）	
清洗单位	消毒剂名称	现场检测记录		清洗人员签字
		浑浊度	消毒剂余量	居民（物业）代表签字
清洗日期				

备注：

附 5 水表外移漏改接施工情况明细表

填报单位：

序号	热线受理单编号	施工日期	行政区域	施工地址	施工材料使用情况								管道口径（De）	施工单位
					单表箱（只）	双表箱（只）	DN15阀门（只）	DN20阀门（只）	DN15格林（套）	DN20格林（套）	PPR管材（米）	PPR配件（m）		
合计														

单位负责人：　　　　　　　　部门负责人：　　　　　　　　填报人：　　　　　　　　填报日期：

附 6　二次供水卫生管理自查表

小区名称：
小区地址：

管理单位名称：
服务单位名称：

自查项目	自查内容	自查结果			备注
		符合要求	不符合要求	合理缺项	
卫生管理	具有水箱卫生管理档案				
	建立齐全的卫生管理制度				
	有明确的二次供水设施管理单位				
	配备专职或兼职的卫生管理人员				
	供、管水人员持有效健康合格证明				
	供管水人员卫生知识培训				
	水质检验报告				
水箱清洗情况	二次供水设施定期清洗并有记录				
	提供清洗单位卫生备案证明				
	使用的消毒剂持有卫生许可批件并按卫生许可批件批准的要求使用				
	清洗消毒人员持有效健康合格证明并经培训合格				

续表

| 自查项目 | 自查内容 | 自查结果 | | | 备注 |
		符合要求	不符合要求	合理缺项	
水箱 (可合理缺项)	分别设置生活用水和消防用水的专用水箱				
	水箱设置进水管、出水管、溢流管、泄水管等				
	溢水管和泄水管不得与下水管直接相连				
	溢水管加网罩				
	水箱入口加盖反扣式盖板且密封性良好				
	水箱入口加锁且锁能正常使用				
蓄水池 (可合理缺项)	不得利用建筑物的基础结构作为水池的池壁				
	水池设置进水管、出水管、溢流管、泄水管等				
	溢水管与泄水管不得与下水管直接相连				
	溢水管加网罩				
	水池入口加盖反扣式盖板且密封性良好				
	水池入口加锁且锁能正常使用				
其他	二次供水设施不得与市政供水管道直接连通				
	涉水产品持有有效卫生许可批件				
	消毒产品持有有效卫生许可批件				
健康相关产品	请填写使用的消毒剂名称				
	请填写使用的涉水产品名称				

检查人员：　　　　　　　　检查日期：　　　　　　　　联系电话：

135

附7 二次供水楼宇设施（备）情况统计表

所属小区地址		门牌号		所属居委会		联系电话		行政区	
所属物业公司		联系电话		所属业委会		联系电话		街道	
物业地址		改造日期		供水方式		房屋属性		接管日期	
户数	层数		平顶或坡顶		水箱吨位	水箱尺寸		减压设施位置	
已外移水表数	未外移水表数		一联表箱		二联表箱	三联表箱		中间水箱吨位	
格林	规格		数量		进人阀门	规格		位置	
立管	规格	—	长度		进人管	—		长度	
横支管	规格		长度		入户管	规格		长度	
进水管	规格		长度		出水管	规格		长度	

续表

进水阀	规格	长度	出水阀	规格	长度
连通管	规格	数量	放空管	规格	数量
连通阀	规格	数量	放空阀	规格	数量
溢水管	规格	长度	浮球阀	规格	数量
防污隔断阀	规格	数量	液位仪	规格	数量
减压阀	规格	数量	Y形过滤器	规格	数量

备注：

注：1. 本表为楼宇管道和水箱基础台账，请各所自行登记后归档。

2. 本表以每个门牌号为一个单位进行登记。

3. 本表内的管道和配件一列旁请填写材质或型号。

4. 若有2个门牌用1个水箱，水箱位置应登记在实际有上人孔的门牌处。如一栋楼几个水箱只有一个上人孔，也把水箱情况写至该门牌号表内，请勿重复填写。

5. 若水箱位置无法按上述方法确定，各所应按实际情况自行调整确定。如有特殊情况请在备注栏内说明。

137

附 8　水质检测报告

上海城市水资源开发利用国家工程中心有限公司　　　　　报告编号：JMYP2020090801

供水水质检测中心

检　测　报　告

项目名称：2020.9.8 居民住宅二次供水水质检测

委托单位：上海城投水务（集团）有限公司供水分公司

报告日期：2020年9月11日

上海城市水资源开发利用国家工程中心有限公司　　　　报告编号：　JMYP2020090801

说　明

　　1. 本报告无上海城市水资源开发利用国家工程中心有限公司检测中心章、无骑缝章、无报告说明页无效。

　　2. 本报告无部门审核、批准人签字无效。

　　3. 本报告涂改无效。

　　4. 本报告不得部分复制、摘用或篡改，复印件未加盖本单位分析报告专用章无效。由此引起的法律纠纷，责任自负。

　　5. 送样委托测试结果，仅对所送委托样品有效。

　　6. 如对本报告有疑问，可与上海城市水资源开发利用国家工程中心有限公司检测中心联系。

　　7. 本报告自批准之日起生效。

　　供水水质检测中心通讯地址：

　　地址：上海杨浦区杨树浦路841号

　　邮编：200082

　　电话：18821197366

　　邮箱：yangwei@shanghaiwater.com

第2页　共4页

上海城市水资源开发利用国家工程中心有限公司　　　报告编号：　　JMYP2020090801

供水水质检测中心
检测报告

委托单位	上海城投水务（集团）有限公司供水分公司	单位地址	上海市黄浦区江西中路484号
样品来源	客户送样	采样日期	2020/09/08
采样地址	三门路358弄1-41、43-64、67-84号		
样品数量	共 13 件，各250mL灭菌瓶1个，500mL玻璃瓶1个		
样品状态	水样瓶外观都完好，液体澄清		
检测时间	2020/09/08-2020/09/10		
检测依据			
1	总大肠菌群	GB/T 5750.12(2.2)—2006	
2	菌落总数	GB/T 5750.12(1.1)—2006	
3	色度	GB/T 5750.4(1.1)—2006	
4	浑浊度	GB/T 5760.4(2.1)—2006	
5	臭和味	GB/T 5750.4(3.1)—2006	
6	肉眼可见物	GB/T 5750.4(4.1)—2006	
7	pH	GB/T 5750.4(5.1)—2006	
8	一氯胺（总氯）	GB/T 5750.11(3.1)—2006	
备注	此处空白		

第3页　共4页

上海城市水资源开发利用国家工程中心有限公司　　　　报告编号：　　JMYP2020090801

数据结果：

样品编号	项目名称	色度	浊度	臭和味	肉眼可见物	pH	（一氯胺）总氯	细菌总数	总大肠菌群
	单位	CU	NTU	—	—	—	mg/L	CFU/mL	CFU/100mL
	标准限值	≤15	≤1	无异臭、异味	无	6.5-8.5	≥0.05	≤100	不得检出
JM20200908001	三门路358弄1号502室	<5	0.09	氯1无	无	7.71	0.20	0	未检出
JM20200908002	三门路358弄2号401室	<5	0.21	氯1无	无	7.58	0.22	24	未检出
JM20200908003	三门路358弄3号401室	<5	0.18	氯1无	无	7.68	0.54	0	未检出
JM20200908004	三门路358弄4号504室	<5	0.23	氯1无	无	7.55	0.31	24	未检出
JM20200908005	三门路358弄5号503室	<5	0.09	氯1无	无	7.68	0.08	0	未检出
JM20200908006	三门路358弄9号404室	<5	0.11	氯1无	无	7.69	0.47	0	未检出
JM20200908007	三门路358弄10号403室	<5	0.10	氯1无	无	7.68	0.19	0	未检出
JM20200908008	三门路358弄11号401室	<5	0.13	氯1无	无	7.67	0.42	1	未检出
JM20200908009	三门路358弄12号402室	<5	0.22	氯1无	无	7.64	0.22	0	未检出
JM20200908010	三门路358弄13号403室	<5	0.12	氯1无	无	7.68	0.33	8	未检出
JM20200908011	三门路358弄14号402室	<5	0.07	氯1无	无	7.54	0.07	25	未检出
JM20200908012	三门路358弄15号403室	<5	0.24	氯1无	无	7.63	0.24	27	未检出
JM20200908013	三门路358弄16号401室	<5	0.13	氯1无	无	7.70	0.13	0	未检出
备注	检测结果中"＜"后的数值为该项目的方法检出限；标准限值为GB 5749—2006；								

···　以下空白　···

制表：　　　　审核：　　　　批准（授权签字人）：

批准时间：2020/09/11

附录 F 图　集

附 1　二次供水管道及附属设施

二次供水管道及附属设施如附图 F-1～附图 F-10 所示。

附图 F-1　暗杆弹性座封闸阀

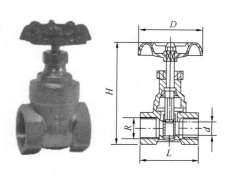

附图 F-2　丝口铜闸阀

附图 F-3　比例减压阀

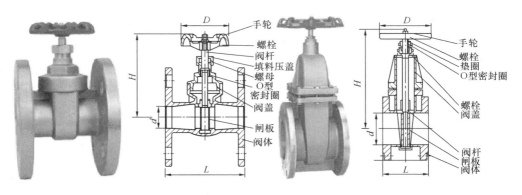

附图 F-4　法兰铜闸阀

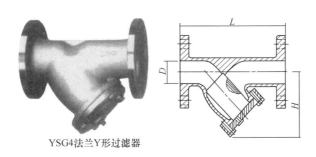

YSG4法兰Y形过滤器

附图 F-5　过滤器

附图 F-6　浮球阀

附图 F-7　铁壳铜芯止回阀

附图 F-8　橡胶软接头

附图 F-9　钢塑复合管

附图 F-10　PE 管

附 2　水泵与水泵房

水泵与水泵房如附图 F-11～附图 F-13 所示。

附图 F-11　水泵房 1

附图 F-12　水泵房 2

附图 F-13　水泵房 3

附 3 楼宇管道和配件

楼宇管道和配件如附图 F-14~附图 F-17 所示。

附图 F-14 水表箱 1

附图 F-15 水表箱 2

附图 F-16 楼宇管道 1

附图 F-17 楼宇管道 2

附 4　水箱（池）

水箱（池）如附图 F-18～附图 F-23 所示。

附图 F-18　屋顶水箱入口

附图 F-19　屋顶水箱 1

附图 F-20　屋顶水箱 2

附图 F-21　屋顶水箱 3

附图 F-22　屋顶水箱 4

附图 F-23　屋顶水箱 5

附录 G 题库及答案

附 1 题   库

一、是非题（195 题）

1. 居民住宅二次供水设施是指居民住宅小区内的供水水箱、水池、管道、阀门、水泵、计量器具及附属设施。

2. 楼宇管道及附件主要包括立管、过滤器、水表箱、球阀。

3. 居民住宅二次供水设施改造是指对居民住宅小区内的供水水箱、水池、管道、阀门、水泵机组、计量器具及附属设施等进行维修改造。

4. 水箱（池）及附件主要包括进水管、透气管、放空管、进水浮球阀、减压阀、Y 形过滤器、水箱不锈钢爬梯、水箱盖板。

5. 阀门主要有软密封闸阀（电动、手动）、铜闸阀、蝶阀、球阀、中间层减压阀、浮球控制阀等。

6. 水泵机组主要包括增压水泵、进水阀、出水管、出水阀、出水压力表。

7. 二次供水设施主要为保证居民区生活用水的水质而设立。

8. 二次供水设施的用水计量器具主要是水表，相关附属设施是电气控制柜（电流表、电压表）等。

9. 水箱供水适用于室外管网水压稳定及室内用水要求变化大的建筑物。

10. 二次供水改造前，中心城区水务部门的管理范围是供水管理，即从水源、取水、制水、输配水到街坊管道。

11. 无负压供水设备是在市政管网压力的基础上直接叠压供水。

12. 设计安装无负压供水设备时无须合考虑周边区域供水条件，只要向供水企业备案即可。

13. 二次供水设施改造工作中，市城投集团负责做好委托项目的监管工作。

14. 物业服务企业可将物业管理区域内的二次供水设施运行维护业务委托给供水企业。

15. 地方标准又称为区域标准，对没有国家标准和行业标准而又需要在省、自治区、直辖市范围内统一的工业产品的安全、卫生要求，可以制定地方标准。

16. 二次供水设施档案资料管理是一项长期而繁重的工作，传统的资料管理存在着查阅困难、效率低下等问题。

17. 由于目前二次供水设施建设和管理多元化，监管职责不明晰，运行维护责任不到位，造成一些设施跑冒滴漏严重、供水服务不规范、水质污染风险高、治安隐患多等诸多问题，群众反映强烈，城镇饮用水安全保障形势严峻。

18. 按照职责分工做好二次供水设施建设和管理的指导监督工作，切实保障公共利益不受损害。住房城乡建设（城市供水）部门要强化居民二次供水设施的卫生监督，规范二次供水单位卫生管理，依法查处违法行为。

19. 市城投集团负责做好委托项目的具体实施和全面统一接管养护等工作。参与年度改造计划的编制、二次供水设施改造方案的审定、施工监管、工程验收和二次供水设施改造时水表工程的实施。

20. 《中华人民共和国标准化法》将中国标准分为国家标准（GB）、行业标准、地方标准（DB）、企业标准（QB）四级。各层次之间有一定的依从关系和内在联系，形成一个覆盖全国又层次分明的标准体系。企业标准是我国标准体系中最低层次的标准，也是技术水平最低的标准。

21. 企业标准是对企业范围内需要协调、统一的技术要求、管理要求和工作要求制定的标准。

22. 对钢塑复合管不得进行焊接，须使用砂轮切割机切割；不锈钢管应采用同质焊接材料焊接，并对焊接进行酸洗、钝化等抗氧化处理。塑料管道的连接应采用热熔或电熔，禁止粘结；埋地管禁止使用卡箍式连接方式，管道外应进行防护。

23. 管道倒流防止器和真空破坏器的设置应符合《建筑给水排水设计规范》GB 50015—2019 的规定，并应选用水头损失≤0.05MPa 的低阻倒流防止器。

24. 二次供水设施改造时可随意改变原有供水方式。

25. 在水量、水压等条件具备的地区，可适当地采用无负压、叠压供水成套设备；亦可将无负压、叠压供水成套设备与高位水箱结合，联合供水。

26. 加压泵房改造时，无所谓其周边环境，如有污水管和污染源，无须采取有效的隔离措施。

27. 设备控制应采用就地控制和自动化控制方式，鼓励采用远程控制方式。

28. 加压设备只需要可靠的水池缺水停泵保护装置，并符合相应技术标准要求即可。

29. 水泵可选用单级卧式泵。

30. 建筑内管道敷设应布置清晰，横平竖直；管道支托应安装牢固；外露管道应有防冻包扎措施。

31. 采用食品级瓷砖内衬贮水池、屋顶水箱时，应采用食品级的瓷砖、胶粘剂和沟嵌缝剂。

32. 二次供水设施改造的水质应符合《生活饮用水卫生标准》GB 5749—2006 的规定，通过二次供水设施的水质检测项目最高允许增加值不作规定。

33. 二次供水设施工程改造后的入户水表前最低静水压，应小于或等于改造前的入户水表前最低静水压。

34. 二次供水设施改造所用的材料、成品、设备必须符合食品级要求，必须具备省级以上的涉水产品卫生许可批件和质量监督部门出具的产品检验报告。

35. 地方标准由省、自治区、直辖市标准化行政主管部门制定，并报国务院标准化行政主管部门和国务院有关行政主管部门备案，在公布国家标准或者行业标准之后，该地方标准即应废止。

36. 积极鼓励供水企业逐步将设施的管理延伸至居民家庭水表，对二次供水设施实施专业运行维护。

37. 钢筋混凝土贮水池、屋顶水箱在做内衬前，无须修复破损、裂缝等，并应进行迎水面底板处理。

38. 二次供水设施改造工程的设计，应有设计图、设计说明和主要设备材料清单等。

39. 工程档案资料是指在城市规划、建设及其管理活动中直接形成的对国家和社会具有保存价值的文字、图纸、图表、声像等各种载体的文件材料。

40．日常运行维护记录包括日常巡视记录表、维护保养记录表及应急抢修记录表等。

41．根据《关于进一步完善本市居民住宅二次供水设施管养机制的实施意见》的通知（沪建管联〔2015〕81 号）文件要求，供水企业负责的管养工作包括水池（箱）、水泵、管道、水表、阀门等设施的日常维护与更新改造。

42．泵房周围环境整洁无污染源，通道畅通，可以堆放不相关的物品。

43．泵房内阀门启闭标识与实际必须相符。

44．泵房内通风、门、窗不属于二次供水设施巡视范围。

45．地下及半地下泵房应设置排水系统并能自动将积水排出。

46．屋顶水箱的出水管一般设置在水箱顶部。

47．屋顶水箱排气孔（管）口应有防虫网罩，溢流管为了保证溢流作用不应安装防虫网罩。

48．高层住宅楼宇泵房水泵一般采用多级叶轮，以确保足够的扬程。

49．水泵运行时滚动轴承温度低于 120℃都是安全的。

50．水泵运行中压力表指针剧烈晃动可能是水泵中有气体。

51．水泵机械密封的优点是可以在干磨情况下工作。

52．水泵解体时发现滚动轴承润滑脂颜色未变，可以不用更换油脂。

53．水泵运行时，只要水泵温度未超过规定值，水泵可以超电流运行。

54．水泵每月轮换运行一次，每次至少 1min。

55．电动机运行中滚动轴承温度≤70℃。

56．空气开关触头有烧伤变色痕迹，但工作时电流值未超规定值可以继续运行。

57．电气控制柜电源回路的绝缘电阻不应小于 1MΩ。

58．电气保护装置可以用空动作实验来判断其有效性。

59．空气断路器的分离脱扣器在电压低于额定值的 35% 时，应可靠释放。

60．变频水泵无法应对居民用水量高峰与低谷的变化。

61．当小区供水水压过低，居民可以安装管道泵来自行解决。

62．水泵机组剧烈振动与地脚螺栓松动无关。

63．泵房巡检时操作电气设备必须两人一组进行。

64．PP-R 管的承插连接是一种普通的连接方式，这种连接方式又有热熔和粘结等方式。

65. 水泵中有异物是水泵出水量不足的原因之一。

66. 水泵机组中安装单向止回阀可以防止泵房外的压力水回流，但不能防止水锤。

67. 水泵机组中伸缩节安装可以方便阀门、管道的拆装、维修。

68. 同口径的闸阀和蝶阀在全开状态下，其流阻大小一样。

69. 电机缺相运行时可能会造成电动机温度过高。

70. 电动机长时间低电压运行可能造成电机发热。

71. 定期清洗水箱，检查浮球控制阀，放空管、溢流管不属于保养内容。

72. 水池壳体及内胆开裂、瓷砖脱落的修补都属于水池保养内容。

73. 水池、水箱是否渗漏、开裂属于日常巡视范围，但周围环境是物业的管理范围。

74. 屋顶水箱溢流管末端的排水口是否畅通属于二次供水日常巡视内容。

75. 屋顶水箱防虫装置是否完好是小区物业管理内容。

76. 清洗水箱时照明用电的电压是 220V。

77. 屋顶水箱的设置，主要目的是确保高层居民用水压力。

78. 上海地区采用钢板装配式水池不需采用保温措施。

79. 装配式水池容积大于 $25m^3$ 时，应设置 $24\sim48h$ 强制自动循环供水装置。

80. 二次供水设施改造，钢筋混凝土贮水池若内壁光滑无须内衬。

81. 水池、水箱用食品级内衬涂料时，一次性喷涂厚度应小于 1mm。

82. 屋顶水箱内爬梯材质没有要求，只要牢固。

83. 屋顶水箱应设置超高水位报警装置，超低水位无须报警装置。

84. 多层建筑同幢楼宇的等高水箱间不应设置联通管。

85. 屋顶水箱人孔盖的边长不得小于 600mm。

86. 屋顶水箱改造时，进、出水管穿越墙体部分可以用食品级覆膜不锈钢管。

87. 巡检水池、水箱时，其附属管道渗漏情况、锈蚀情况也属于日常巡视内容。

88. 水箱中浮球控制阀控制是否进水与水位控制无关。

89. 水池溢流管中有水渗出说明水位太低。

90. 为了方便消防用水，生消合用的水箱出水隔断阀应该常开。

91. 每年一次在冬季到来前完成水箱附件的防冻保温工作。

92. 半年一次对水箱中 Y 形过滤器进行保养。

93. 每年一次校验水位控制装置，是水箱保养工作内容之一。

94. 水箱清洗消毒后，施工单位进行水质监测合格后可直接通水。

95. 水箱、水池清洗消毒后应该填写《水箱（池）清洗消毒档案卡》。

96. 潜水泵应装漏电开关，漏电开关应在使用后测试好坏，并在使用中确认开启。

97. 如遇水质突发情况，可调整水箱（池）清洗消毒频次。

98. 水箱经清洗消毒后，水质经第三方检测机构检测合格后可正式通水。

99. 建立水箱（池）清洗消毒档案，记录所清洗消毒的水箱（池）的基本情况，包括清洗时间、地址、容积、材质、清洗单位及人员、使用的消毒剂名称及其配制方法。

100. 水箱（池）清洗完毕后，现场检测包括浑浊度、余氯共 2 项水质指标。

101. 第三方检测机构检测包括浊度、余氯、色度、菌落总数、总大肠菌群数、pH 值、肉眼可见物、嗅味共 8 项指标。

102. 现场检测不合格必须按要求对自检不合格水箱（池）重复清洗，直至合格后预通水，再由第三方检测机构检测。

103. 水箱（池）的构筑物在维修后应进行满水试验。

104. 水箱（池）的构筑物在维修后如需要应急通水，可不进行清洗消毒。

105. 水箱（池）周围及顶部不得堆放杂物。

106. 屋顶水箱溢流管末端的排水口为防止蚊虫，平时需堵塞。

107. 上屋顶人孔通道畅通，杂物堆放整齐。

108. 泵房水池和屋顶水箱间门窗、照明应完好。

109. 水箱（池）的外扶梯，保证其结构牢固、上下自如、表面无锈蚀。

110. 水箱（池）的内胆，要求无开裂、渗漏；如内贴瓷砖，则要求瓷砖无起鼓、脱落等现象。

111. 水箱（池）放空管滴水允许微量滴水。

112. 生消合用的水箱，出水处需要安装防污隔断阀。

113. 定期对二次供水水箱（池）清洗消毒（每半年一次，如遇水质突发情况，可调整清洗消毒频次）。

114. 清洗消毒人员应配四证一卡，其中上岗证包含高空作业证、有限空间证。

115. 清洗消毒人员每年必须进行一次培训，培训内容包括二次供水基本知识、水箱构造、清洗方式、消毒步骤、操作时安全防护与注意事项等，培训合格后上岗。

116. 使用高压水枪冲洗水箱（池）壁，先箱（池）顶、后底，由里向外依次进行。

117. 用消毒液对内壁自上而下、由里向外，均匀地喷洒水箱（池）壁表面。

118. 现场检测结果填写在《接管小区水箱（池）清洗现场检测情况汇总表》内并归档，同时应在检测采样瓶上标注日期、地址及现场检测的 4 项指标。

119. 对第三方检测机构检测不合格的水箱必须按要求对小区同批次水箱（池）重新安排清洗消毒计划，并在一个月内完成清洗消毒工作。

120. 清洗消毒完成后，在相应小区公告栏内张贴第三方检测机构检测合格的《水箱（池）消毒和水质检验报告》。

121. 清洗消毒水箱（池）单人操作时，须佩戴保险带上屋顶作业。

122. 水箱（池）消毒人员需戴防护眼镜和口罩，如在水箱（池）内工作时感到头晕气喘，应就地休息。

123. 清洗消毒单位使用的消毒剂应当标明产品的名称、生产单位、卫生许可批号。清洗消毒单位根据需要复配清洗消毒液。

124. 在清洗高层水箱时应对减压阀前过滤器进行清洗，在清洗水池时应对泵房内过滤器进行清洗。

125. 第一次清洗水箱（池）时，应对所需清洗水箱（池）尺寸复核，同时应更换所清洗水箱（池）人口盖的挂锁。

126. 水池（箱）内发现瓷砖掉落，可能产生的原因是瓷砖空鼓。

127. 钢筋混凝土水箱、水池渗水可以用高压注浆修补。

128. 水箱（池）的构筑物在维修后应进行清洗消毒。

129. 屋顶水箱清洗时，为了提高清洗效率，放水时应开足阀门、尽快放水。

130. 清洗水池（箱）时，水箱（池）内作业光源最好用手电筒或应急灯。

131. 楼宇给水管道的管卡、支撑件安装应合理和牢固，可以与其他管道绑扎固定。

132. 楼宇给水管道可以用角铁做支架，只要安装方便即可。

133. 楼宇给水穿越楼板前端需设置管卡，管道洞口需封堵并做好防渗漏措施。

134. 楼内管道设置应避免阳光照射及风口，管道远离热水器排风口。

135. 楼内管道与配件、阀门的接口渗漏不超过每分钟 2 滴，是属于正常范围。

136. 楼内管道靠窗部位为防止低温天气需要保温，其他部位无需保温。

137. 楼内管道公共部位检修通道畅通，杂物应堆放整齐。

138. 表箱内部清洁，水表三件套安装符合规范，无渗漏现象。

139. 楼宇管道日常巡视中，减压阀后压力表完好，并符合设定压力。

140. 采用变频供水的立管顶端自动放气阀如损坏，可以直接拆除。

141. 市政供水管与二次供水设施管道有明显分界，且分界点距构筑物外墙 1m。

142. 埋地阀门的上方都堆砌有阀门井。

143. 阀门井在小区道路上的井盖采用铸铁材质，在绿化带内的采用水泥材质。

144. 阀门井堆砌整齐，井内干净无杂物。

145. 外墙管道可以绑扎在雨水管上。

146. 外墙管道穿越墙体，为了管道热胀冷缩的需要，洞口不需完全封堵。

147. 室外敷设的 DN50 管道，防止低温天气冷冻，需要采用 50mm 厚的橡塑管进行保温。

148. 门栋阀位置须在图纸上标识正确，便于查找。

149. 高层住宅楼宇管道维护保养流程：切换减压阀→清洗减压阀和过滤器→管道表面清洁、（油漆）→水表保养→管道包扎、防冻措施。

150. 高层减压阀组过滤器需要定期清洗。

151. 楼宇管道维护保养时应对各类长期开启或长期关闭的阀门操作一次。

152. 长期不操作的阀门，尽量保持原状，防止进行开闭操作时引起阀门漏水。

153. 对高层建筑中减压阀组（一用一备）定期进行切换。

154. 对楼宇管道维护保养时，楼宇内松动、变形、损坏的水表箱直接进行调换，不必维修。

155. 对楼宇管道维护保养时，运作异常的水表需进行校验或调换。

156. 接到报修通知 1h 内，赶到现场同时联系物业，紧急关闭管路阀门，如是水泵出水管发生爆管，需要马上停止水泵运行。

157. 楼宇管道应布置在不宜受撞击处，若不能避免，应在管外采取保护措施。

158. 由于多层住宅上屋面人孔处没有梯子，日常巡视中可以不用查看屋顶水箱。

159. 二次供水管辖范围是指供水企业已接管的居民住宅二次供水设施所涉及的区域。

160. 二次供水水质日常检测频率为每月 2 次对二次供水水质监测点的水质进行检测。

161. 水质检测不合格由供水管理所分析原因并采取相应措施，直至水质检测合格。

162. 二次供水水箱（池）清洗消毒后，清洗单位对水箱和水池水质进行自测，自测项目包括浑浊度、余氯、色度、总大肠菌群共 4 项，合格率应达 100％。

163. 水箱和水池预通水后 24h 内，供水管理所委托水质检测服务供应商进行水质检测，检测项目包括浑浊度、余氯、色度、细菌总数、总大肠菌群、pH 值、肉眼可见物、嗅和味共 8 项。

164. 供水水质检测中心对日常水质检测和清洗消毒后水质检测进行抽验。

165. 发生水质问题后，供水管理所对区域内其他未反映水质问题的地方总氯和浊度进行抽验。

166. 水质检测仪器主要有便携式水质检测仪器和在线水质检测仪器。

167. 供水水质检测中心负责便携式浊度仪每年两次的检定工作。

168. 浊度仪、余氯仪每半月须对仪器进行清洁，保持仪器外壳清洁。

169. 供水管理所负责在线水质检测仪表的保养，专业服务供应商负责在线水质检测仪表的维修。

170. 二次供水水质监测重点监控区域为供水区域头部、管理区域边界、供水区域末梢。

171. 重点监控区域的固定式水质监测点宜选用便携式水质仪表进行连续检测。

172. 二次供水水质监测点的选点由供水水质检测中心确定，并负责沟通、协调等工作。

173. 固定式水质监测点地点由二次供水管理部和供水管理所协商确定。

174. 固定式水质监测点采样管、采样龙头采用对水质变化影响小的材质，采样箱底部安装净高度为 1m。

175. 二次供水常见现场水质问题分析的一般步骤主要有：确定状态→确定范围→确定原因。

176. 水龙头放出的水有煤油或油漆味，首先从工程方面查明原因。

177. 水龙头放出的水浑浊，放置一段时间后，水体清澈，称为"气白"现象。

178. 水龙头放出的水体呈不同程度的蓝色的情况只有一种。

179. 水龙头放出的水体呈黑色，可根据是否有臭味和沉淀物做进一步判断，可分为两种情况。

180. 存放自来水的容器内有黄色固体沉淀物，多为含有铁离子成分的水垢。

181. 水龙头放出的水有漂白粉味，多发生在清洗作业后，通水初始阶段。

182. 客户通过嘴感觉到的水质问题主要是指自来水口感不好或有异味等。

183. 水龙头放出的水体呈不同程度的绿色，称为"铜绿"现象，"铜绿"现象严重的情况下，建议客户更换内管。

184. 根据上海市地方标准《二次供水系统设计、施工、验收和运行维护的管理要求》DB3/566—2011，供水区域内每 2 万人设采样点 1 个。

185. 职业道德素质的提高与从业人员的个人利益无关。

186. 职业道德涵盖了从业人员与服务对象、职业与职工、职业与职业之间的关系。

187. 现场工作结束后，应做到工完、料净、场地清。

188. 上门服务人员在维修完毕后，应将工作结果和需要客户继续配合的事宜交代清楚，并礼貌向客户道别。

189. 在现场工作时，不使用客户的电话，如需借用客户物品，应征得客户同意，用完后完好归还并致谢。

190. 上海供水以"创新、专业、诚信、负责"为发展理念。

191. 倾听能鼓励他人倾吐他们的状况与问题，而这种方法能协助他们找出解决问题的方法。

192. 在因工作需要进入居民室内时，只要出示工作证件，无须征得同意便可入内。

193. 应谢绝客户招待、谢绝客户礼金，但可请客户动手协助。

194. 态度类投诉是由于服务态度差造成的投诉，包括服务态度，举止行为、衣着形象等造成的。

195. 职业责任是职业群体及其从业者被赋予的职权、职责，及由此而形成的相应的责任和义务要求。

二、单项选择题（130题）

1. （　　）的阀门应采用弹性软密封橡胶闸阀或软密封蝶阀。

(A) $DN<100$ 　　　　　　　(B) $100≤DN<200$
(C) $100≤DN≤300$ 　　　　(D) $300<DN≤500$

2. 上海市中心城区市政供水管网设计和运行要求，供水服务压力最低为 160kPa，实际平均压力为 200kPa，大致相当于（　　）的普通住宅高度。

(A) 2～3 层 　　　　　　　(B) 3 层
(C) 3～4 层 　　　　　　　(D) 5～6 层

3. 上海自来水的供应由水源、水厂、管网和（　　）四大环节组成。

(A) 泵站 　　　　　　　　(B) 二次供水
(C) 贮水构筑物 　　　　　(D) 水塔

4. 设水箱的给水方式设有（　　）和屋顶水箱，多见于 5～7 层的多层建筑。

(A) 水泵 　　　　　　　　(B) 水池
(C) 管道系统 　　　　　　(D) 控制柜

5. 设水池、水泵、水箱的联合供水方式适用于外管网水压（　　）情况。

(A) 不稳定 　　　　　　　(B) 稳定

（C）高　　　　　　　　　　（D）低

6. 水池、变频水泵的联合供水方式取消了屋顶水箱，运用微电脑控制技术，将（　　）与水泵联合而成机电一体化。

（A）电机　　　　　　　　　（B）变频调速器

（C）计算机　　　　　　　　（D）控制柜

7. 气压给水方式在给水系统中设置气压给水设备，该给水方式用设在地面上的气压罐替代（　　）。

（A）水泵　　　　　　　　　（B）变频调速器

（C）水箱　　　　　　　　　（D）控制柜

8.《中华人民共和国标准化法》将中国标准分为国家标准（GB）、行业标准、地方标准（DB）、（　　）四级。

（A）市级标准　　　　　　　（B）企业标准

（C）县级标准　　　　　　　（D）省级标准

9. 我们国家标准分为强制性国标（GB）和推荐性国标（GB/T）。国家标准的年限一般为（　　）年修订一次。

（A）2　　　　　　　　　　（B）5

（C）3　　　　　　　　　　（D）1

10. 企业标准的标准号一般以（　　）字母开头。

（A）Q　　　　　　　　　　（B）F

（C）C　　　　　　　　　　（D）G

11. 二次供水设施改造工程的设计，应有（　　）、设计说明和主要设备材料清单等。

（A）报价单　　　　　　　　（B）预算书

（C）设计图　　　　　　　　（D）产品样本

12. 贮水池、屋顶水箱应有安全的养护、维修通道，通道净空与净高不得小于（　　）mm。

（A）600　　　　　　　　　（B）300

（C）500　　　　　　　　　（D）1000

13. 水表两端直管段长度应符合相关要求，水表安装高度应在（　　）以下。

（A）1.4m　　　　　　　　（B）1m

（C）2m　　　　　　　　　（D）无规定

14. 建筑物外墙距离地面（ ）以上不得铺设供水管道。

（A）5m   （B）1m

（C）2m   （D）无规定

15. 采用不锈钢板材装配或高密度聚乙烯（HDPE）板材内衬贮水池、屋顶水箱时，焊接材料应（ ），并进行防渗漏检测。

（A）采用不锈钢焊条   （B）与母材同质

（C）采用塑料焊条   （D）无规定

16. 应建立二次供水设施运行维护档案资料，主要包括原始资料、（ ）等。

（A）开停泵记录   （B）物业基金使用记录

（C）大修记录   （D）日常运行维护记录

17. 按照职责分工做好二次供水设施建设和管理的指导监督工作，切实保障公共利益不受损害。卫生计生部门要（ ）。

（A）加强二次供水的日常监管，严把质量关，监督落实二次供水设施设计、建设和运行维护相关制度。

（B）建立健全二次供水设施运行维护收费制度，加强收费监管。

（C）强化居民二次供水设施的卫生监督，规范二次供水单位卫生管理，依法查处违法行为。

（D）指导监督二次供水运行维护单位严格执行治安保卫有关法律法规和标准规范，落实治安防范主体责任。

18. 上海市人民政府办公厅转发市水务局等六部门《关于继续推进本市中心城区居民住宅二次供水设施改造和理顺管理体制工作实施意见的通知》（沪府办〔2014〕53号），进一步明确了各相关单位和部门的职责。市水务局负责（ ）。

（A）总体政策研究、综合协调推进。

（B）二次供水设施改造和接管工作的组织推进。

（C）配合推进二次供水设施改造和移交接管工作。

（D）做好委托项目的具体实施和全面统一接管养护等工作。

19. 行业标准由国务院有关行政主管部门制定，并报国务院标准化行政主管部门备案。当同一内容的国家标准公布后，则该内容的行业标准（ ）。

（A）废止   （B）可继续使用

（C）报批后继续使用 （D）参考使用

20. 将现有的敞开式地下贮水池或半地下贮水池改造成食品级 SUS304（或 444、316L）覆膜不锈钢板材装配式水池、食品级高密度聚乙烯（HDPE）或钢板装配式水池。装配式水池容积大于 25m³ 时，应设置（　　）h 强制自动循环供水装置。

（A）6～12 （B）12～24
（C）24～48 （D）48～72

21. 采用食品级涂料内衬贮水池、屋顶水箱时，其一次性喷涂厚度应大于（　　）mm。

（A）1 （B）2
（C）3 （D）0.5

22. 贮水池、屋顶水箱应改造为封闭结构，对敞开式的贮水池、屋顶水箱应使用固定式顶盖封闭并设置人孔；人孔盖的边长不得小于 600mm、直径不得小于（　　）mm，人孔盖应密封；人孔盖应配备误启、误入的加锁装置。

（A）500 （B）600
（C）700 （D）800

23. 贮水池、屋顶水箱高度大于（等于）（　　）时，应设置外爬梯。

（A）1.0m （B）1.5m
（C）2.0m （D）3.0m

24. 建筑物外墙距离地面（　　）及以下铺设供水管道时应采用防冻包扎措施。

（A）5.0m （B）6.0m
（C）7.0m （D）8.0m

25. 室内管道进行明敷时，不得采用（　　）管材、配件。

（A）PE （B）球墨
（C）不透光性 （D）透光性

26. 埋地管禁止使用（　　）连接方式，管道外应进行防护。

（A）撞击式 （B）法兰
（C）热熔 （D）卡箍式

27.（　　）的阀门应采用不锈钢或铜质球阀、铸铜闸阀、软密封闸阀。

（A）$DN<100$ （B）$100 \leqslant DN<200$

(C) 100≤DN≤300　　　　　　(D) 300<DN≤500

28. 单个贮水池、屋顶水箱宜安装（　　）个浮球阀，浮球阀的进水管标高应一致。

(A) 1　　　　　　　　　　　(B) 2

(C) 3　　　　　　　　　　　(D) 4

29. 二次供水设施改造设计中，其水量包括居民生活用水量、居住小区公共建筑用水量，应符合（　　）的规定。

(A)《建筑给水排水设计标准》GB 50015—2019

(B)《二次供水设施卫生规范》GB 17051—2017

(C)《居民住宅二次供水设施改造工程设计导则》

(D)《生活饮用水卫生标准》GB 5749—2006

30. 工程竣工验收备案工作是工程建设项目管理的最后一道程序，其形成的（　　）材料是工程档案的重要组成部分。

(A) 竣工验收　　　　　　　(B) 规划设计

(C) 施工过程　　　　　　　(D) 备案文件

31. 二次供水设施档案资料按照阶段分类，分为规划设计阶段、施工阶段、竣工阶段、（　　）阶段等。

(A) 清洗消毒　　　　　　　(B) 运行维护管理

(C) 验收　　　　　　　　　(D) 移交接管

32. 将二次供水设施委托给供水企业运行维护的，业主或原管理单位应将竣工总平面图、结构设备竣工图、地下管网工程（　　）、设备的安装使用及维护保养等设施档案及图文资料一并移交。

(A) 设计图　　　　　　　　(B) 示意图

(C) 竣工图　　　　　　　　(D) 草图

33. 二次供水信息化平台建设需要完成以下主要内容不包括（　　）。

(A) 安装监测仪，逐步在居民小区内安装二次供水监测仪器

(B) 供水调度 SCADA 系统建设

(C) 完成应用展示系统建设

(D) 收集站点的二次供水监测数据到数据中心

34. 水泵流量单位可以用（　　）表示。

(A) m　　　　　　　　　　(B) m³/h

(C) MPA　　　　　　　　　(D) m/s

35. 水泵有效功率 Ne 和轴功率 N 的关系（　　）。

（A）$Ne > N$　　　　　　　　（B）$Ne = N$

（C）$Ne < N$　　　　　　　　（D）不确定

36. 在设备的规定部位加油润滑称为润滑的（　　）制度。

（A）定时　　　　　　　　　　（B）定点

（C）定量　　　　　　　　　　（D）定期

37. 下列设施（备）不属于泵房的是（　　）。

（A）电动机　　　　　　　　　（B）止回阀

（C）比例减压阀　　　　　　　（D）控制柜

38. 二次供水泵房设备主要有（　　）。

（A）水泵　　　　　　　　　　（B）水箱

（C）水表箱　　　　　　　　　（D）楼宇管道

39. 水泵滚动轴承温度不应大于（　　）℃。

（A）60　　　　　　　　　　　（B）120

（C）70　　　　　　　　　　　（D）100

40. 水泵温度可以用下列设备检测到的是（　　）。

（A）测振仪　　　　　　　　　（B）相位仪

（C）红外线测温仪　　　　　　（D）在线 pH 仪

41. 下列阀门哪个具有防止水锤作用（　　）。

（A）蝶阀　　　　　　　　　　（B）止回阀

（C）闸阀　　　　　　　　　　（D）球阀

42. 当水泵满足自灌式要求时，水池最低水位应该在（　　）。

（A）泵壳顶之上　　　　　　　（B）水泵中开面

（C）吸水管顶　　　　　　　　（D）吸水管中心线

43. 电机过载的原因是（　　）。

（A）水泵流量太小　　　　　　（B）水泵扬程太高

（C）水泵流量过大　　　　　　（D）泵内有空气

44. 水泵振动大的原因是（　　）。

（A）水泵、电动机安装不同轴　（B）水泵流量太小

（C）水泵扬程太高　　　　　　（D）水泵内有空气

45. 水泵自动不能工作，但手动能工作，原因是（　　）。

（A）水位太低　　　　　　　　（B）时间继电器损坏

（C）空气开关断开　　　　　　（D）水位太高

46. 变频水泵无法调节流量的原因中，（　　）是实验室间质量控制的目的之一。

（A）变频器坏　　　　　　　　（B）水位过高

（C）水位过低　　　　　　　　（D）电压波动

47. 水泵采用机械密封的泄漏量不宜超过（　　）。

（A）20 滴/min　　　　　　　　（B）20mL/h

（C）30 滴/min　　　　　　　　（D）3 滴/min

48. 离心泵开启步骤是（　　）。

（A）泵、阀同时开　　　　　　（B）先开阀门

（C）阀门开一半再开泵　　　　（D）先开泵，再开阀

49. 出水管道顶部安装一个 DN25 的球阀，作用是（　　）。

（A）排尽出水管内的余气　　　（B）用于室内接水

（C）安装压力表　　　　　　　（D）方便搞卫生

50. 第一次启动水泵，进水阀操作要求（　　）。

（A）一次完全打开　　　　　　（B）慢慢打开，慢慢进水

（C）打开 5°　　　　　　　　　（D）打开 15°

51. 冬季温度低于 0℃时，不用的水泵应（　　）。

（A）排空泵内余水　　　　　　（B）保持原有状态

（C）泵内灌满水　　　　　　　（D）做好水泵外保护

52. 卧式离心泵常用联轴器形式为（　　），连续冲洗。

（A）尼龙柱销联轴器　　　　　（B）爪形联轴器

（C）弹性柱销联轴器　　　　　（D）爪形凸块联轴器

53. 水泵中空气对叶轮产生何种损害（　　）。

（A）剥蚀　　　　　　　　　　（B）腐蚀

（C）汽蚀　　　　　　　　　　（D）没有影响

54. 水泵长期运行后，（　　）情况可能出现。

（A）效率增加　　　　　　　　（B）噪声减小

（C）振动增大　　　　　　　　（D）不变

55. 给水阀门试验压力要求（　　）。

（A）最大工作压力　　　　　　（B）20℃时最大工作压力的 1.1 倍

（C）0.6MPa　　　　　　　　　（D）20℃时最大工作压力的 1.5 倍

163

56. 不锈钢叶轮的特点是（　　）。

（A）造价低 　　　　　　　　（B）成本低

（C）制作容易 　　　　　　　（D）抗汽蚀、抗腐蚀

57. 水泵经济、节能运行，下述正确的是（　　）。

（A）运行压力越低越好 　　　（B）配套电机功率冗余量高较经济

（C）运行压力越高越好 　　　（D）提高水池水位，自灌式运行

58. 某台水泵轴功率为 900kW，有效功率 Ne 为 765kW，配套电机功率为 1000kW，水泵的效率应该是（　　）%。

（A）85 　　　　　　　　　　（B）80

（C）90 　　　　　　　　　　（D）76.5

59. 润滑脂的特点有（　　）。

（A）流动性好 　　　　　　　（B）黏附力强

（C）黏附力差 　　　　　　　（D）易形成油膜

60. 减压阀两侧压力关系是（　　）。

（A）进水侧压力大于出水侧 　（B）出水侧压力大于进水侧

（C）相同 　　　　　　　　　（D）不确定

61. 为了减少管路中水头的损失，应该选用的阀门是（　　）。

（A）蝶阀 　　　　　　　　　（B）止回阀

（C）闸阀 　　　　　　　　　（D）前三种都可用

62. 减压阀设置位置一般为（　　）。

（A）屋顶水箱出水管 　　　　（B）高层的中间层

（C）底层 　　　　　　　　　（D）任意位置

63. 填料（机械）密封的作用有（　　）。

（A）防止高压水流入低压区

（B）减振作用

（C）防止泄漏、防止外部空气进入泵内

（D）防止轴向窜动

64. 下列（　　）不可做水箱材质。

（A）食品级 444 覆膜不锈钢 　（B）食品级 SUS304 覆膜不锈钢

（C）食品级 316L 覆膜不锈钢 　（D）A3 钢板

65. 下列设施（备）不属于泵房的是（　　）。

（A）电动机 　　　　　　　　（B）止回阀

（C）比例减压阀 （D）控制柜

66. 二次供水泵房设备主要有（ ）。

（A）水泵 （B）水箱

（C）水表箱 （D）楼宇管道

67. （ ）1 次对水箱（池）中 Y 形过滤器（或防污隔断阀）进行保养及拆洗，保证清洁、通畅、状态良好。

（A）半年 （B）1 年

（C）1 季 （D）1 月

68. （ ）1 次对各类测量仪表进行检测，对检测不合格或超过使用期限的仪表进行更换。

（A）半年 （B）1 年

（C）1 季 （D）1 月

69. 水箱溢流管中有水渗出，说明水箱水位（ ）。

（A）太低 （B）正好

（C）太高 （D）无法判断

70. （ ）1 次在冬季到来前完成各类管道及附件的防冻保温检查及养护维修工作。

（A）每年 （B）半年

（C）1 季 （D）1m

71. 使用高压水枪冲洗水箱（池）壁，应做到（ ），由里向外依次进行。

（A）先底、后顶 （B）先箱（池）顶、后底

（C）同步冲洗 （D）无规定

72. 水质经第三方检测机构检测（ ）指标合格后可正式通水。

（A）八项 （B）五项

（C）四项 （D）三项

73. 现场检测包括：浑浊度、余氯、（ ）、嗅味共 4 项水质指标。

（A）亚硝酸盐 （B）肉眼可见物

（C）pH 值 （D）色度

74. 在水箱（池）内作业时，光源需采用（ ）以下的安全电压，最好用手电筒或应急灯。

（A）220V （B）380V

（C）36V （D）前三种都可

75. 对水箱消毒时，用消毒液对内壁（　　），均匀地喷洒水箱（池）壁表面。

（A）自下而上、由里向外　　　（B）自上而下、由里向外

（C）同步消毒　　　　　　　　（D）都可

76. 水箱（池）清洗完毕后，泵房水泵应（　　），水箱出水阀门应缓慢开启。

（A）先启动　　　　　　　　　（B）解体清洗

（C）盘动试转　　　　　　　　（D）先放空空气

77. 第一次清洗水箱（池）时，应对所需清洗的水箱（池）（　　）复核。

（A）材质　　　　　　　　　　（B）内衬

（C）水位高度　　　　　　　　（D）尺寸

78. 溢流管道、放空管道应设置（　　），可靠的防止外部生物进入的装置。

（A）不锈钢网罩　　　　　　　（B）网眼塑料

（C）铁丝网　　　　　　　　　（D）尼龙网罩

79. 二次供水设施改造的水质应符合（　　）的规定。

（A）《生活饮用水检测标准》　　（B）《生活饮用水卫生标准》

（C）《食品卫生标准　》　　　　（D）《二次供水设施卫生规范》

80. 水箱（池）维护保养中"对浮球控制阀（或遥控浮球阀）的失灵及损坏等故障应及时修理或更换"的周期为（　　）个月。

（A）3　　　　　　　　　　　（B）6

（C）9　　　　　　　　　　　（D）12

81. 水箱（池）维护保养中应每年（　　）次校验水位控制装置，保证水位指示正确、性能良好。

（A）1　　　　　　　　　　　（B）2

（C）3　　　　　　　　　　　（D）4

82. 清洗消毒人员应配四证一卡，即身份证、居住证、健康证、上岗证和信息卡，其中上岗证包含（　　）和有限空间证。

（A）电工证　　　　　　　　　（B）高空作业证

（C）特种设备证　　　　　　　（D）易燃易爆品操作证

83. 屋顶水箱溢水可能的原因不包括（　　）。

（A）内衬板焊缝渗漏　　　　　（B）浮球阀损坏

(C) 水泵控制柜失灵　　　　　　(D) 液位器自动控制失灵

84. 内衬不锈钢水箱渗水的原因可能是(　　　)。

(A) 浮球阀垃圾卡滞　　　　　　(B) 液位器自动控制失灵

(C) 内衬板焊缝渗漏　　　　　　(D) 浮球阀损坏

85. 水箱（池）日常巡视周期为每年(　　　)次。

(A) 1　　　　　　　　　　　　　(B) 2

(C) 3　　　　　　　　　　　　　(D) 4

86. 泵房水池进水电动阀门，每年应校验(　　　)次限位开关及手动与电动的连锁装置。

(A) 1　　　　　　　　　　　　　(B) 2

(C) 3　　　　　　　　　　　　　(D) 4

87. 每年（　　　）次对水箱（池）的各类管道及阀门进行油漆修补，保证无锈蚀、渗漏。

(A) 1　　　　　　　　　　　　　(B) 2

(C) 3　　　　　　　　　　　　　(D) 4

88. 屋顶水箱清洗前应提前(　　　)d 张贴停水通知，并与小区物业做好沟通衔接。

(A) 1　　　　　　　　　　　　　(B) 2

(C) 3　　　　　　　　　　　　　(D) 4

89. 水箱（池）的管道、阀门及其他连接件在维修后应进行强度耐压试验，试验压力应为(　　　)倍额定工作压力，保持压力 10min，无渗漏及裂纹等现象。

(A) 0.5　　　　　　　　　　　　(B) 1

(C) 1.5　　　　　　　　　　　　(D) 2

90. 贮水池、屋顶水箱清洗消毒时，每次喷洒消毒液后的消毒时间为(　　　)min。

(A) 20　　　　　　　　　　　　　(B) 25

(C) 30　　　　　　　　　　　　　(D) 40

91. 水池（箱）清洗消毒现场检测合格后，管理人员应完整、规范地把《接管小区水箱（池）清洗现场检测情况汇总表》和第三方检测机构的《水箱（池）消毒和水质检验报告》整理成册存档，保存期为(　　　)年。

(A) 1　　　　　　　　　　　　　(B) 2

（C）3　　　　　　　　　　（D）4

92．水箱（池）的管道、阀门及其他连接件在维修后应进行严密性耐压试验，试验压力应为（　　）倍额定工作压力，保持压力 30min，无渗漏现象。

（A）0.5　　　　　　　　　（B）1.25

（C）1.5　　　　　　　　　（D）2

93．水箱（水池）清洗后现场检测，检测数为实际清洗水箱（池）数量的（　　）。

（A）10%　　　　　　　　　（B）50%

（C）80%　　　　　　　　　（D）100%

94．水箱（池）的构筑物在维修后应进行满水试验。渗水量应按设计水位下浸润的池壁和池底总面积计算，钢筋混凝土水箱（水池）不得超过（　　）。

（A）1L/(m² · d)　　　　　　（B）2L/(m² · d)

（C）3L/(m² · d)　　　　　　（D）4L/(m² · d)

95．水箱（池）的构筑物在维修后应进行满水试验。渗水量应按设计水位下浸润的池壁和池底总面积计算，砖石砌体水池不得超过（　　）。在满水试验时，外壳部分应进行外观检查，发生漏水、渗水时，必须修补。

（A）1L/(m² · d)　　　　　　（B）2L/(m² · d)

（C）3L/(m² · d)　　　　　　（D）4L/(m² · d)

96．各供水管理所按照审核后的接管小区水箱（池）清洗计划提前（　　）d 在供水热线上公告。

（A）1　　　　　　　　　　（B）2

（C）3　　　　　　　　　　（D）4

97．水箱（池）清洗，每年（　　）次。

（A）1　　　　　　　　　　（B）2

（C）3　　　　　　　　　　（D）4

98．套式表表箱安装位置描述正确的是（　　）。

（A）600mm≤安装高度≤1200mm

（B）700mm≤安装高度≤1400mm

（C）500mm≤安装高度≤1100mm

（D）无要求

99．用户水表前压力最大不超过 ① MPa，高层最小不低于 ② MPa。（　　）

(A)　① 0.35，② 0.1　　　　(B)　① 0.45 ，② 0.2

(C)　① 0.55，② 0.3　　　　(D)　① 0.65，② 0.4

100. 楼宇管道法兰橡胶垫片损坏，排除方法是（　　）。

(A)　法兰橡胶垫片更换　　　(B)　铅塞堵漏

(C)　安装抢修抱箍　　　　　(D)　更换阀门

101. 某立管是衬塑钢管，居民反映，管道供水明显不足。最有可能产生的原因是（　　）。

(A)　管道内衬塑层脱落堵塞管道

(B)　管道阀门没打开

(C)　屋顶水箱没水

(D)　管道渗水

102. 可调式减压阀的性能特点描述错误的是（　　）。

(A)　水力操作，无须外力

(B)　下游压力值可按照需求进行调节

(C)　出口压力随着进口压力的变化而变化

(D)　阀前需安装过滤器

103. 埋地金属管道需进行（　　）。

(A)　保温处理　　　　　　　(B)　加固处理

(C)　外防腐处理　　　　　　(D)　接地处理

104. 水箱和水池预通水后（　　）内，供水管理所委托水质检测服务供应商进行水质检测。

(A)　12h　　　　　　　　　(B)　24h

(C)　36h　　　　　　　　　(D)　48h

105. 便携式水质检测仪器为便携式（　　）、便携式余氯仪及组合工具，并配备相应试剂。

(A)　pH计　　　　　　　　(B)　色度仪

(C)　浊度仪　　　　　　　　(D)　比色计

106. 日常巡检中，应对在线浊度仪进行现场比对，要求在线浊度仪指示值与测量值误差在（　　）NTU之内。

(A)　±0.05　　　　　　　　(B)　±0.1

(C)　±0.15　　　　　　　　(D)　±0.2

107. 余氯仪每半个月用标准检测仪器取水样进行现场比对，要求在线余氯仪指示值与测量值误差在（　　　）mg/L。

(A) ±0.1　　　　　　　　　　(B) ±0.15

(C) ±0.2　　　　　　　　　　(D) ±0.3

108. 固定式水质监测点应不少于上年新接管小区按人口配置二次供水水质监测点数的（　　　）。

(A) 50%　　　　　　　　　　(B) 55%

(C) 60%　　　　　　　　　　(D) 65%

109. 二次供水水质日常检测项目不包括（　　　）。

(A) 浑浊度　　　　　　　　　(B) 色度

(C) 菌落总数　　　　　　　　(D) 嗅味

110. 二次供水水箱（池）清洗消毒后，清洗单位对水箱和水池水质进行自测，自测项目包括（　　　）。

(A) 浑浊度　　　　　　　　　(B) 色度

(C) 菌落总数　　　　　　　　(D) 总大肠菌群

111. 供水管理所在取得书面水质化验报告后，（　　　）h 内在清洗水箱和水池小区张贴水质报告复印件。

(A) 12　　　　　　　　　　　(B) 24

(C) 36　　　　　　　　　　　(D) 48

112. 供水水质检测中心负责（　　　）每年一次的检定工作。

(A) 便携式浊度仪　　　　　　(B) 便携式余氯仪

(C) 在线浊度仪　　　　　　　(D) 在线余氯仪

113. 固定式水质监测点周边环境要求围护安全、空间宽敞、排水畅通，环境温度在（　　　）之间。

(A) 0～35℃　　　　　　　　(B) 5～35℃

(C) 0～40℃　　　　　　　　(D) 5～40℃

114. 水质监测点编号采用 7 位编码，首位 2 代表（　　　）。

(A) 所辖供水管理所　　　　　(B) 二次供水水质监测点

(C) 所辖管理站　　　　　　　(D) 所辖管理分站

115. 二次供水新建、扩建和改建工程中，在泵房出水总管、高层水箱出水总管上预留（　　　）取样口，外螺用管帽封堵。

(A) DN20　　　　　　　　　(B) DN25

(C) DN15　　　　　　　　　(D) DN10

116. 浊度仪和余氯仪的保养工作，（ ）对仪器进行清洁，保持仪器外壳清洁。

(A) 1 个月　　　　　　　　　(B) 每半月

(C) 每周　　　　　　　　　　(D) 每季

117. 固定式水质监测点采样箱底部安装高度是（ ）m。

(A) 0.5　　　　　　　　　　(B) 0.8

(C) 1　　　　　　　　　　　(D) 1.2

118. 预通水后，第三方检测机构对水箱（池）进行水质检测，如小区水箱和水池总数大于 10 个，采集样本数按水箱、水池总数的（ ）抽检。

(A) 15%　　　　　　　　　　(B) 10%

(C) 25%　　　　　　　　　　(D) 20%

119. 关于职业道德，正确的说法是（ ）。

(A) 职业道德有助于增强企业凝聚力，但无助于促进企业技术进步

(B) 职业道德有助于提高劳动生产率，但无助于降低生产成本

(C) 职业道德有利于提高员工职业技能，增强企业竞争力

(D) 职业道德只是有助于提高产品质量，但无助于提高企业信誉和形象

120. 我国社会主义道德建设的原则是（ ）。

(A) 集体主义　　　　　　　　(B) 人道主义

(C) 功利主义　　　　　　　　(D) 合理利己主义

121. 我国社会主义道德建设的核心是（ ）。

(A) 诚实守信　　　　　　　　(B) 办事公道

(C) 为人民服务　　　　　　　(D) 艰苦奋斗

122. 我国社会主义职业道德建设的核心是（ ）。

(A) 服务群众　　　　　　　　(B) 爱岗敬业

(C) 办事公道　　　　　　　　(D) 奉献社会

123. 《公民道德建设实施纲要》指出我国职业道德建设规范是（ ）。

(A) 求真务实、开拓创新、艰苦奋斗、服务人民、促进发展

(B) 爱岗敬业、诚实守信、办事公道、服务群众、奉献社会

(C) 爱国守法、明礼诚信、团结友善、勤俭自强、敬业奉献

(D) 文明礼貌、勤俭节约、团结互助、遵纪守法、开拓创新

124. 我国社会主义职业道德的本质特征是（ ）。

(A) 诚实守信　　　　　　　　(B) 服务群众

（C）办事公道　　　　　　　（D）奉献社会

125. 倾听技巧由（　　）4 个个体技巧所组成。

（A）询问、复述、反应与回馈

（B）鼓励、询问、反应与复述

（C）联合、参与、依赖与觉察

（D）回馈、提议、推论与增强

126. 上门服务人员应便民不扰民，带好（　　）。

（A）一个工作包（箱）、一套维修工具、一张任务清单

（B）一只马甲袋、一块揩布、一双脚套

（C）一只工作包（箱）、一块揩布、一双脚套

（D）一张工作证、一个联系手机、一套维修工具

127. 星级服务操做法中"三标准"是指（　　）。

（A）谢绝客户动手、谢绝客户招待、谢绝客户礼金

（B）着装统一标识统一、上门修理自报家门、疑难问题耐心解释

（C）预约时间准点、遵守操作规范、问题一次解决

（D）搬动物品修毕复位、服务质量客户认定、产生垃圾清扫带走

128. 在因工作需要进入居民室内时，应先（　　）。

（A）按门铃或轻轻敲门

（B）主动向客户表明身份及来意

（C）出示工作证件

（D）征得同意后穿上自带鞋套入内

129. 职业态度的形成受主客观两个因素的决定，主观因素不包括（　　）。

（A）职业环境　　　　　　　（B）兴趣爱好

（C）认知能力　　　　　　　（D）文化程度

130. （　　）是帮助客户宣泄的最好方式。

（A）耐心倾听　　　　　　　（B）中断通话

（C）竭力辩解　　　　　　　（D）相互埋怨

三、多项选择题（50题）

1. 二次供水阀门选用时，$DN<100mm$ 的阀门应采用（　　）。

（A）不锈钢球阀　　　　　　（B）铜质球阀

（C）铸铜闸阀 （D）软密封闸阀

2. 二次供水设施管理需移交的资料主要包括（   ）。

（A）二次供水设施改造开工报告

（B）二次供水设施改造竣工报告

（C）生产许可证、产品卫生许可证、材质检测报告

（D）二次供水系统竣工后的水质化验合格报告

（E）泵压试压试验记录

3. 将二次供水设施委托给供水企业运行维护的，业主或原管理单位应将（   ）、设备的安装使用及维护保养等设施档案及图文资料一并移交。

（A）竣工总平面图 （B）结构设备竣工图

（C）地下管网工程竣工图 （D）物业基金使用情况汇总表

4. 信息化平台建设需要完成以下主要内容（   ）。

（A）安装监测仪 （B）数据采集传输

（C）视频安防系统建设 （D）完成应用展示系统建设

（E）地理信息系统建设

5. 二次供水信息化建设，控制平台需要集成的功能模块有（   ）。

（A）监测数据 （B）图像采集传输

（C）地理信息 （D）信息发布

（E）维护保养

6. 水表三件套漏水故障可能情况有（   ）。

（A）格林漏水 （B）阀门漏水

（C）水表漏水 （D）指针弯曲

7. 水泵不出水原因有（   ）。

（A）电机旋转方向反了 （B）吸程过高

（C）进水阀未打开 （D）吸水管漏气

8. 水泵流量不足原因有（   ）。

（A）阀门开启度不足 （B）水泵内有异物

（C）叶轮碎裂 （D）电压正常

9. 下列设施（备）属于水泵房的有（   ）。

（A）电动机 （B）止回阀

（C）比例减压阀 （D）控制柜

10. 二次供水泵房内水泵机组包括（   ）设备。

（A）水泵　　　　　　　　　（B）控制柜

（C）水表箱　　　　　　　　（D）楼宇管道

11. 下列属于二次设施的是（　　）。

（A）水池　　　　　　　　　（B）阀门

（C）浊度仪　　　　　　　　（D）水泵

12. 不能开启电机的原因可能是（　　）。

（A）电源未接　　　　　　　（B）控制电路熔断器熔断

（C）接触器损坏　　　　　　（D）水池水位低

13. 电机发热的可能情况有（　　）。

（A）流量过大　　　　　　　（B）止回阀打不开

（C）电机轴承磨损　　　　　（D）水位过高

14. 水经过减压阀后供水量不足，可能的原因有（　　）。

（A）减压阀前过滤器异物堵塞　（B）水箱水位过高

（C）水箱水位恒定不变　　　（D）减压阀内有异物

15. 下列属于二次供水巡视的内容的是（　　）。

（A）水泵机组　　　　　　　（B）屋顶水箱

（C）屋顶花坛　　　　　　　（D）水表箱

16. 建立水箱（池）清洗消毒档案，记录所清洗消毒的水箱（池）的基本情况，包括清洗（　　）、清洗单位及人员、使用的消毒剂名称及其配制方法。

（A）时间　　　　　　　　　（B）地址

（C）容积　　　　　　　　　（D）材质

17. 清洗消毒人员应配四证一卡，即（　　），其中上岗证包含高空作业证、有限空间证。

（A）身份证　　　　　　　　（B）健康证

（C）居住证和上岗证　　　　（D）信息卡

18. 现场检测项目包括（　　），共2项水质指标。

（A）浑浊度　　　　　　　　（B）余氯

（C）肉眼可见物　　　　　　（D）嗅味

19. 第三方检测机构检测包括：（　　）、总大肠菌群数、pH值、肉眼可见物、嗅味共8项指标。

（A）浊度　　　　　　　　　（B）余氯

（C）色度　　　　　　　　　（D）菌落总数

20．清洗消毒单位使用的消毒剂应当标明产品的（　　）。

（A）形状　　　　　　　　　（B）名称

（C）生产单位　　　　　　　（D）卫生许可批号

21．现有钢筋混凝土水池、屋顶水箱，如无法改建为装配式水箱，应采用（　　）进行内衬。

（A）食品级瓷砖　　　　　　（B）水泥砂浆

（C）食品级涂料　　　　　　（D）高密度聚乙烯（HDPE）板材

22．钢筋混凝土贮水池、屋顶水箱在做内衬前，应先做好（　　），并进行迎水面底板处理。

（A）水泥砂浆铲除　　　　　（B）修复破损

（C）修复裂缝　　　　　　　（D）池面打毛

23．采用食品级瓷砖内衬贮水池、屋顶水箱时，应采用食品级的瓷砖、（　　）。

（A）粘合剂　　　　　　　　（B）一般砂浆

（C）沟嵌缝剂　　　　　　　（D）化学胶水

24．室内管道应按设计要求敷设，同一室号不得出现（　　）的现象。

（A）新、旧供水立管同时存在　（B）两套管道同时供水

（C）材质不同　　　　　　　（D）无要求

25．建筑物内给水管道应选用耐腐蚀和安装、连接方便可靠的管材，可采用（　　）。

（A）白铁管　　　　　　　　（B）聚丙烯管

（C）钢塑复合管　　　　　　（D）不锈钢管

26．水箱（池）日常巡视内容主要有（　　）。

（A）屋顶水箱溢流管末端的排水口是否畅通，无堵塞

（B）巡检水箱时出入通道畅通，周围无杂物堆放

（C）检查水池、水箱箱体有无开裂、风化脱落及渗漏水现象

（D）检查各管道接口连接牢固、整洁无渗漏

（E）穿越箱体液位开关装置，洞口是否渗漏灌水，防虫措施是否完好

27．公共部位安装的管道应符合下列哪些标准（　　）。

（A）做好防冻措施　　　　　（B）做好防结露措施

（C）包扎整齐　　　　　　　（D）包扎牢固

28. 水箱（水池）清洗工作前，先进行下列检查，描述正确的是（   ）。

（A）水箱、（池）内壁是否有龟裂、损坏

（B）是否有污水流入等异常情况

（C）进出水阀、人孔、人孔盖板、放空阀等附属设施完好情况

（D）如有损坏应先清洗，再排计划修理

29. 水箱（池）清洗完毕进水后，下列后续操作描述正确的是（   ）。

（A）泵房水泵应先放空空气

（B）水箱出水阀门应缓慢开启，排除管道内空气

（C）上门询查居民家中供水是否正常

（D）关闭进水阀

30. 水箱（池）清洗前后应检查下列事项，描述正确的是（   ）。

（A）浮球阀等附属设备是否损坏

（B）管道防冻包扎是否完好

（C）贮水构筑物是否开裂漏水

（D）水箱（池）各个面瓷砖或墙体是否有大面积脱落

31. 屋顶水箱溢水，可能产生的原因有（   ）。

（A）浮球阀垃圾卡滞　　　　（B）浮球阀损坏

（C）水泵控制柜失灵　　　　（D）液位器自动控制失灵

32. 屋顶水箱不进水，可能产生的原因有（   ）。

（A）浮球阀垃圾卡滞　　　　（B）浮球阀损坏

（C）水泵控制柜失灵　　　　（D）液位器自动控制失灵

33. 减压阀不减压，可能产生的原因有（   ）。

（A）减压阀先导阀堵塞

（B）水箱水位过低

（C）减压阀先导阀控制阀门未调节好

（D）管道水压波动

34. 减压阀供水量不足，可能产生的原因有（   ）。

（A）过滤器内有异物堵塞　　（B）减压阀内有水垢阻塞

（C）减压阀反应滞后　　　　（D）减压阀压力表损坏

35. 楼宇管道抖动，可能产生的原因有（   ）。

（A）管道支架松动　　　　　（B）管道堵塞

（C）止回阀失灵导致水锤现象　（D）管道中有空气

36. 变频供水，压力不足，可能产生的原因有（   ）。

（A）屋顶水箱内缺水　　　　（B）变频压力设定偏低

（C）管道末端有气阻　　　　（D）管道堵塞

37. 屋顶水箱用空，可能产生的原因有（   ）。

（A）水泵没有自动启动补水　　（B）多层水箱水泵供水时间不足

（C）进水浮球阀故障　　　　（D）直供水，市政压力降低

38. 建筑物内给水管道应选用耐腐蚀和安装、连接方便可靠的管材，可采用（   ）。

（A）聚丙烯管　　　　　　　（B）钢塑复合管

（C）不锈钢管　　　　　　　（D）镀锌钢管

39. 对钢塑复合管连接操作，符合规范的是（   ）。

（A）螺纹连接　　　　　　　（B）焊接

（C）砂轮切割机切割　　　　（D）沟槽连接

40. 楼宇管道 PPR 管，常用口径为（   ）。

（A）$De25$　　　　　　　　（B）$De32$

（C）$De40$　　　　　　　　（D）$De63$

41. 采样点可设置在（   ）等能反映二次供水水质的位置。

（A）小区泵房出水管　　　　（B）水箱出水管

（C）物业受水点　　　　　　（D）居民龙头

42. 供水企业每年 2 次对二次供水采样点进行水质检测，项目包括浑浊度、总大肠菌群、pH 值、肉眼可见物（   ）8 项。

（A）余氯　　　　　　　　　（B）色度

（C）菌落总数　　　　　　　（D）嗅味

43. 水箱（池）清洗消毒后，清洗单位对水箱和水池进行自测，项目包括浑浊度、pH 值、总大肠菌群、（   ）。

（A）色度　　　　　　　　　（B）余氯

（C）菌落总数　　　　　　　（D）嗅味

（E）肉眼可见物

44. 二次供水水质监测点设置要有代表性，（   ）为重点监控区域。

（A）用户龙头　　　　　　　（B）供水区域头部

（C）管理区域边界　　　　　（D）供水区域末梢

45. 固定式水质监测点地点由（   ）协商确定。

（A）物业公司 　　　　　　（B）区二次供水办公室

（C）二次供水管理部 　　　（D）二次供水管理所

46. 职业道德基本范畴包括（　　　）。

（A）职业内涵 　　　　　　（B）职业态度

（C）职业责任 　　　　　　（D）职业纪律

47. 接打客户电话时会遇到（　　　）。

（A）一般客户 　　　　　　（B）热心客户

（C）投诉客户 　　　　　　（D）难缠客户

48. 投诉电话的种类分为（　　　）。

（A）态度类投诉 　　　　　（B）质量类投诉

（C）违纪类投诉 　　　　　（D）职业类投诉

49. 接打客户电话应做到（　　　）。

（A）确保在接电话之前集中注意力

（B）电话铃响，快速接起电话

（C）精神饱满，态度热情，用语规范

（D）使用普通话，声音清晰愉悦，语速张弛有度

50. 解答客户问题时（　　　）。

（A）应熟悉相关专业知识，准确解答客户提出的问题

（B）应简洁、明确，便于客户理解

（C）应集中注意力，避免客户重复叙述

（D）当客户对解决方案有异议时，应再次确认其需求，并解释说明

四、简答题（17题）

1. 生物饮用水常用的消毒方法是？

2. 生活饮用水消毒的目的？

3. 测定饮用水中的余氯的作用？

4. 评价饮用水消毒效果的常用指标？

5. 水池的溢流管、通气孔安装卫生防护网罩的作用？

6. 二次供水设备水箱为什么加锁加盖？

7. 二次供水设备的溢流管、排水管为什么不能与下水道直接连接？

8. 为什么要定期清洗二次供水设备水箱？

9. 二次供水设备设施包括？

10. 水泵启动、运行中需要检查的内容有哪些？

11. 请将下述水泵年度检修工作内容按正确的流程排序：

（1）拆泵；（2）更换易损件；（3）加油；（4）清洗；（5）更换密封填料；（6）试运行；（7）调试；（8）安装。

12. 请在下列图示的设备下写出正确的名称。

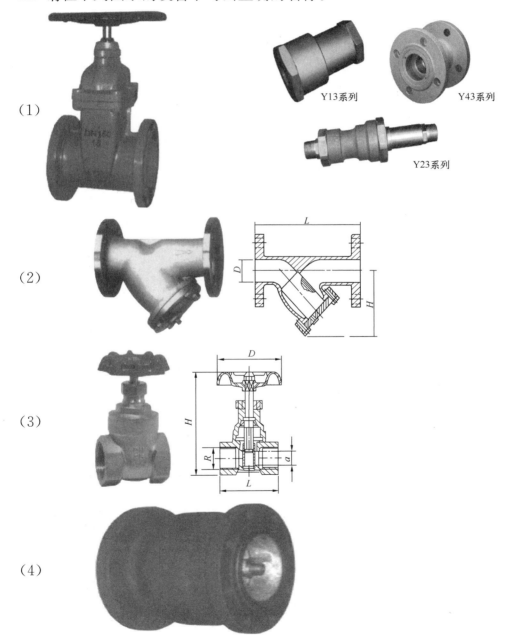

（1）

Y13系列　　Y43系列

Y23系列

（2）

（3）

（4）

（5）

13. 水箱（池）清洗程序的描述。

14. 供水热线接到报修，某高层 26 层住宅小区发生屋顶水箱溢水故障，维修人员赶到现场，请对可能造成水箱溢水的原因进行分析、排摸。

15. 接到供水热线的报修电话，某 6 层小区楼道进水箱的立管抖动，如果你是维修人员，并已赶到现场，请对管道抖动原因进行排摸。

16. 维护保养用电安全有哪些注意事项？

17. 请按顺序列出二次供水常见现场水质问题分析的三个步骤，并对每个步骤进行简述。

附2 答　　案

一、是非题（195 题）

1～5　√×√×√　　　6～10　××√×√　　　11～15　√×××√√

16～20　√√×√×　　　21～25　√×××√　　　26～30　×√××√

31～35　√××√√　　　36～40　√√√√√　　　41～45　√√√√√

46～50　××√×√　　　51～55　×××√√　　　56～60　×√√√√

61～65　××√×√　　　66～70　×√×√√　　　71～75　×√×√×

76～80　×√×√×　　　81～85　×××√√　　　86～90　√√√×××

91～95　√√√×√　　　96～100　×√√√×　　　101～105　√√√√√

106～110　××√√√　　　111～115　×√√√√　　　116～120　√√√√√

121～125　√×××√√　　　126～130　√√√√√　　　131～135　××√√√

136～140　××√√×　　　141～145　√√√√√　　　146～150　××√×√

151～155　√√√√√　　　156～160　√√√×√　　　161～165　√√√√√

166～170　√×√√√　　　171～175　××√×√　　　176～180　√√×√√

181～185　√√√√×　　　186～190　√√√√√　　　191～195　√×××√

二、单项选择题（130 题）

1~5 CDBCA	6~10 BCBBA	11~15 CAAAB
16~20 DCBAC	21~25 ACBAD	26~30 DABAD
31~35 BCBBC	36~40 BCACC	41~45 BACAB
46~50 ADDAB	51~55 ACCCB	56~60 DDABA
61~65 CBCDC	66~70 AABCA	71~75 BABCB
76~80 DDABB	81~85 ABACD	86~90 AACCC
91~95 DBDBC	96~100 CBBAA	101~105 ACCBC
106~110 BCCDA	111~115 DACBA	116~120 BCBCA
121~125 CBBDB	126~130 BCAAA	

三、多项选择题（50 题）

1. ABCD	2. ABCDE	3. ABC	4. ABCDE	5. ABCDE
6. ABC	7. ABCD	8. ABC	9. ABD	10. AB
11. ABD	12. ABC	13. AC	14. AD	15. ABD
16. ABCD	17. ABCD	18. AB	19. ABCD	20. BCD
21. ACD	22. BC	23. AC	24. AB	25. BCD
26. ABCDE	27. ABCD	28. ABCD	29. ABC	30. ABCD
31. ABCD	32. ABCD	33. AC	34. ABC	35. ABCD
36. BC	37. ABCD	38. ABC	39. AD	40. ABD
41. ABC	42. ABC	43. BDE	44. BCD	45. CD
46. BCD	47. ABCD	48. ABC	49. ABCD	50. ABCD

四、简答题（17 题）

1. 生物饮用水常用的消毒方法是？

答：液氯，漂白粉，漂白粉精片。

2. 生活饮用水消毒的目的？

答：防止发生肠道传染病。

3. 测定饮用水中的余氯的作用？

答：确定饮用水的消毒效果，防止生活饮用水二次污染。

4. 评价饮用水消毒效果的常用指标？
答：细菌总数、总大肠菌群、余氯量。

5. 水池的溢流管、通气孔安装卫生防护网罩的作用？
答：防止病媒动物和昆虫进入水箱，污染水质。

6. 二次供水设备水箱为什么加锁加盖？
答：防止投毒，防止病媒动物和昆虫进入水箱，污染水质。

7. 二次供水设备的溢流管、排水管为什么不能与下水道直接连接？
答：防止因负压和虹吸把下水道的污水吸入水箱；防止下水的恶臭气体通过管道送入水箱。

8. 为什么要定期清洗二次供水设备水箱？
答：去除水箱壁及水箱底的附着物和沉淀物，防止污染饮用水。

9. 二次供水设备设施包括？
答：高、中、低蓄水池（箱）及附属管道、阀门、水泵机组、气压罐等设施。

10. 水泵启动、运行中需要检查的内容有哪些？
答：（1）启动控制柜按钮开关，眼睛要注视相关仪表（电流、出水压力等）。如果自动控制计算机一体化，注意计算机显示屏上相关数据（如启动电流、出水压力等）。
（2）注意电动机、水泵运转时声音是否正常。
（3）注意电动机、水泵的相关轴承运转声音是否正常。
（4）观察水泵闭阀扬程是否达到设计规定值，阀门开启后压力是否正常。
（5）注意止回阀开启时声音是否正常。
（6）开启完成后检查滚动轴承温度是否正常。
（7）检查轴端密封滴水是否正常。

（8）检查进出水管路有无异常振动。

11. 请将下述水泵年度检修工作内容按正确的流程排序。

答：1-4-5（2）-2（5）-3-8-7-6

12. 请在下列图示的设备下写出正确的名称。

答：（1）暗杆弹性座封阀闸、比例减压阀

（2）Y 形过滤器

（3）丝口铜闸阀

（4）铜芯止回阀（铜芯单向阀）

（5）橡胶软接头

13. 水箱（池）清洗程序的描述。

答：（1）清洗前应至现场查勘：屋顶防水层是否完好、防冻包扎是否破损、屋顶排水系统和地面下水道是否畅通，若发现问题应立即协调物业处理。清洗前应提前三天张贴停水通知，并与小区物业做好沟通衔接。

（2）排水：关闭进、出水闸阀（水池需关闭泵的进、出水阀门），打开排水阀或启动潜水泵排空剩水，关闭排水阀或潜水泵。如出水口不畅，应予以清理和疏通。

（3）检查：清洗工作前，先检查水箱、（池）内壁是否有龟裂、损坏，是否有污水流入等异常情况，以及进出水阀、人孔、人孔盖板、放空阀等附属设施完好情况。如有损坏应自报修复，修复后开始清洗。

（4）清洗：使用高压水枪冲洗水箱（池）壁，先箱（池）顶、后底，由里向外依次进行。清洗完毕，开排水阀或启动潜水泵，排尽污水并用清水冲清，关闭排水阀或潜水泵。

（5）消毒：用消毒液对内壁自上而下、由里向外，均匀地喷洒水箱（池）壁表面，至人孔口，消毒 30min。30min 后，用高压水枪冲洗水箱（池），并排空剩水。按上述操作重复消毒一次。

（6）注水：清洗消毒工作全部结束后，清理收装好所有工具。打开闸阀向水池（箱）内注水（水池需打开泵前进水阀门再打开水泵放气阀，放尽空气后关闭此阀门），水箱出水阀应缓慢开启并做相应停顿，待立管内贮满水后将阀门完全开启，避免管内进入空气，必要时应上门询问和服务，防止管内空气影响居民正常用水，达到标准的水位后加盖上锁。

（7）预通水：水质经现场检测（2项指标）合格后可预通水。

（8）正式通水：水质经第三方检测机构检测（八项指标）合格后可正式通水。

14. 供水热线接到报修，某高层26层住宅小区发生屋顶水箱溢水故障，维修人员赶到现场，请对可能造成水箱溢水的原因进行分析、排摸。

答：（1）浮球阀垃圾卡滞。

（2）浮球阀损坏。

（3）水泵控制柜失灵。

（4）液位器自动控制失灵。

15. 接到供水热线的报修电话：某6层小区楼道进水箱的立管抖动，如果你是维修人员，并已赶到现场，请对管道抖动原因进行排摸。

答：（1）管道支架松动。

（2）管道堵塞。

（3）门栋阀损坏。

（4）管网压力偏大。

（5）止回阀失灵导致水锤现象。

（6）泵房水池浮球阀抖动。

（7）屋顶水箱进水浮球阀抖动。

（8）管道中有空气。

16. 维护保养用电安全有哪些注意事项？

答：（1）维护现场用电，必须有接地保护。

（2）楼宇管道维护保养现场用电，不允许在楼层配电箱的上端子搭接。

（3）使用电动工具，须带漏电保护开关，漏电开关应在使用前测试好坏。

（4）清洗水池（箱）时，水箱（池）内作业光源需采用36V以下的安全电压，最好用手电筒或应急灯。

17. 请按顺序列出二次供水常见现场水质问题分析的三个步骤，并对每个步骤进行简述。

答：（1）确定范围。测定反映地址和小区总进水水质，进行数据比对，可以大致判断是市政供水，还是二次供水范围的问题，以便相应的管理部门及时处理。

（2）确定状态。根据水质反映用户的地址及二次供水改造的进程，将水质问题归结为"改造前""正在改造"和"改造后"三种情况。针对不同的情况采取"尽快改造""完善制度""积极整改"的措施。

（3）确定原因。根据水质反映客户的地址、用水环境及供水方式的比对，确定大致范围，从而找到问题发生的共同起点，再通过排除法，找到真正原因所在，最后采取正确的措施，解决问题。